高职高专“十三五”规划教材

机械制图习题集

●肖 莉 主编 ●苏 勇 梁爱珍 副主编 ●杨春杰 主审

第二版

JIXIE ZHITU XITIJI

JIXIE ZHITU XITIJI

化学工业出版社

·北京·

本习题集与肖莉主编的《机械制图》第二版配套使用。

本习题集内容包括：制图的基本知识和技能、正投影的基础知识、立体的投影、轴测图、组合体、物体的表达方法、标准件和常用件、零件图、装配图、展开图与焊接图等，其中还增加选择、填空、判断等题型，题型突出实用性与典型性，技术图样多为工程实际图样，强化徒手绘图训练，以此提高学生绘制草图的能力。

本习题集编排顺序与教材体系保持一致，重在应用与创新的训练，并有一定余量，习题中带有*的部分供学生选做和教师取舍。

本习题集适用于高职高专院校的机械和近机械类专业的制图教学，也可供成人教育相近专业和有关工程技术人员使用和参考。

图书在版编目（CIP）数据

机械制图习题集/肖莉主编. —2版. —北京：化学工业出版社，2018.5（2020.4 重印）
高职高专“十三五”规划教材
ISBN 978-7-122-31843-5

Ⅰ.①机… Ⅱ.①肖… Ⅲ.①机械制图-高等职业教育-习题集 Ⅳ.①TH126-44

中国版本图书馆 CIP 数据核字（2018）第 058854 号

责任编辑：高 钰
责任校对：王素芹　　装帧设计：刘丽华

出版发行：化学工业出版社（北京市东城区青年湖南街 13 号　邮政编码 100011）
印　　刷：北京京华铭诚工贸有限公司
装　　订：三河市振勇印装有限公司
787mm×1092mm　1/16　印张 7¾　字数 188 千字　2020 年 4 月北京第 2 版第 2 次印刷

购书咨询：010-64518888　　售后服务：010-64518899
网　　址：http://www.cip.com.cn
凡购买本书，如有缺损质量问题，本社销售中心负责调换。

定　　价：22.00 元

前　言

本习题集与肖莉主编的《机械制图》第二版配套使用。

本习题集具有以下特点：

① 本习题集的编排顺序与教材体系保持一致，内容由浅入深，循序渐进，重在应用与创新的训练，题型突出实用性与典型性，尤其是技术图样，多为工程实际图样。

② 改变单纯画图的作业模式，增加选择、填空、判断等题型，使学生在有限的时间内完成更多练习。

③ 安排了一定数量的构形练习，进行读图能力的培养，以此提高学生的空间思维能力。

④ 强化徒手绘图训练，从第一章到第九章，由浅入深的安排相应的练习，各院校可根据实际需要，将部分尺规图作业改为徒手绘制，以此提高学生绘制草图的能力。

⑤ 本习题集采用新的《机械制图》标准与《技术制图》标准。

参加本习题集编写的有：广西工业职业技术学院肖莉（第一、四章），广西机电技师学院吴云艳（第二章），锦州师范高等专科学校吕刚（第三章），广西工业职业技术学院苏勇（第五、九章），广西工业职业技术学院农琪（第六章），山西工贸学校梁爱珍（第七章），广西工业职业技术学院徐华（第八章），广西工业职业技术学院黄斌斌（第十章）。

本书由肖莉担任主编并负责统稿，苏勇、梁爱珍任副主编，由湖北理工学院杨春杰教授担任主审。

本习题集在编写的过程中参考了一些国内同类著作，在此特向有关作者致谢！同时得到了各院校领导和许多教师帮助，在此一并表示感谢！

由于编者水平所限，习题集中不妥之处恳请读者批评和指正，以便修订时调整与改进。

编者

2018 年 3 月

目　录

第一章 制图的基本知识和技能

1-1 字体练习

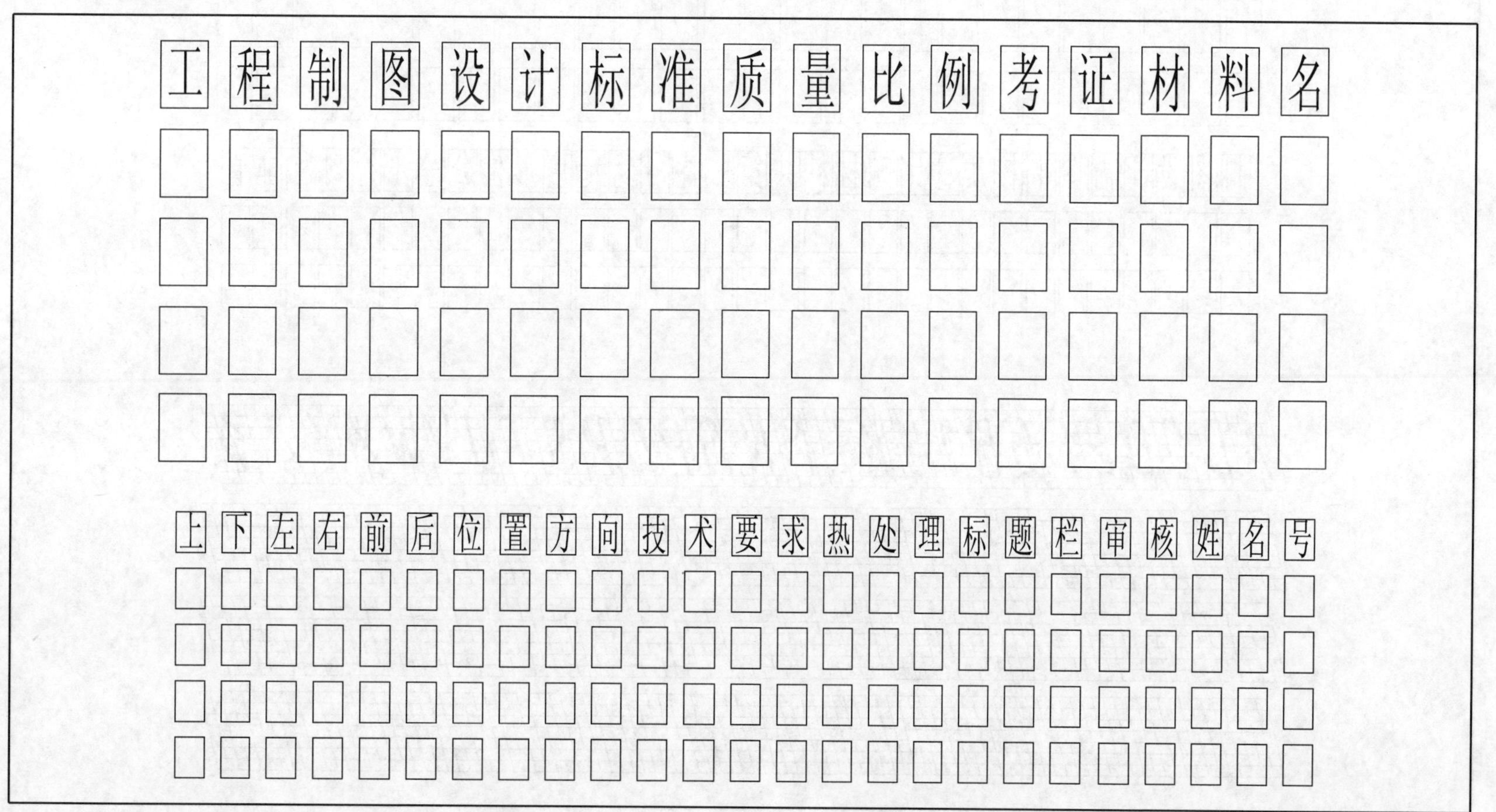

班级 姓名 学号

1-2 字体和字母书写

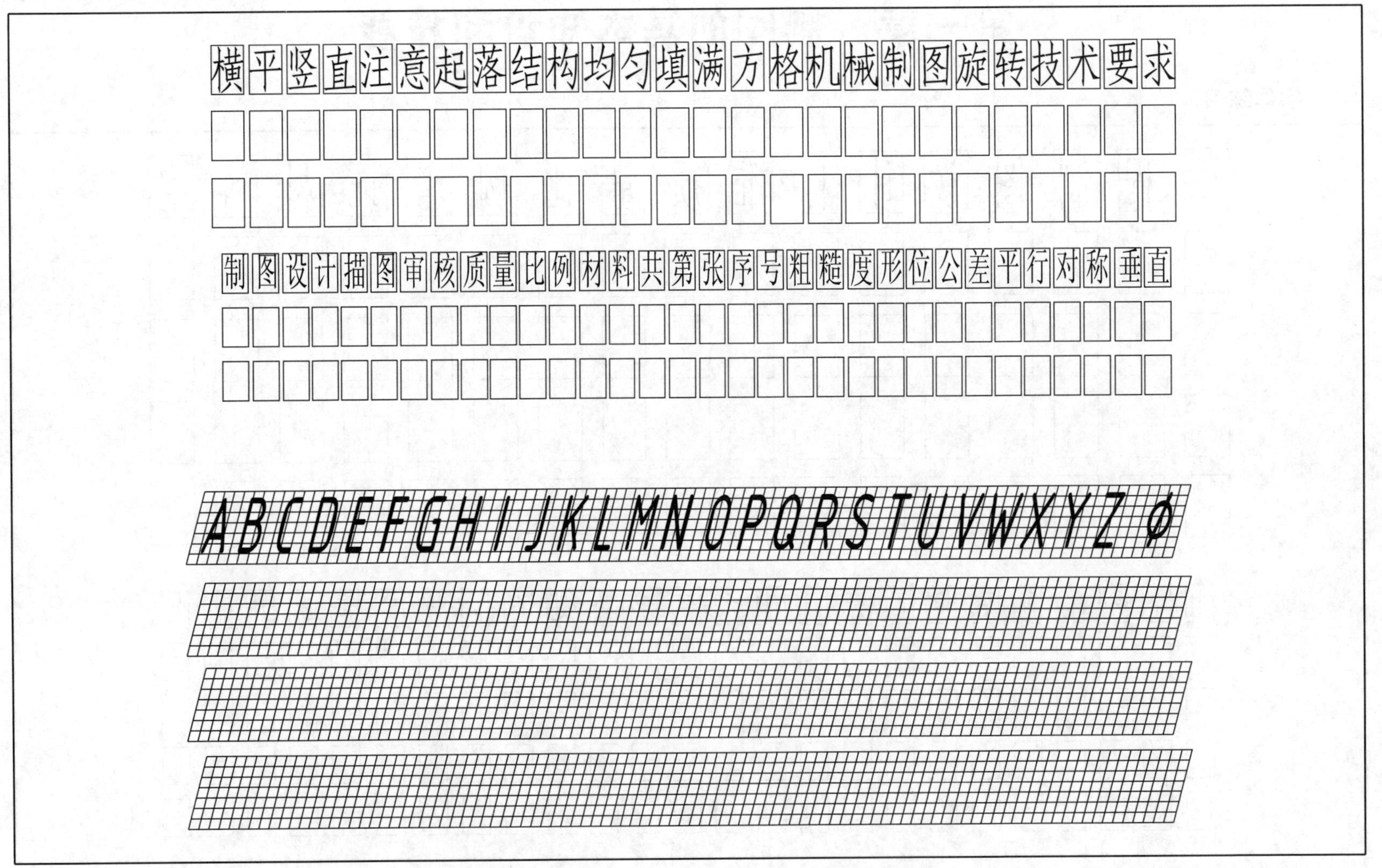

班级　　　　姓名　　　　学号

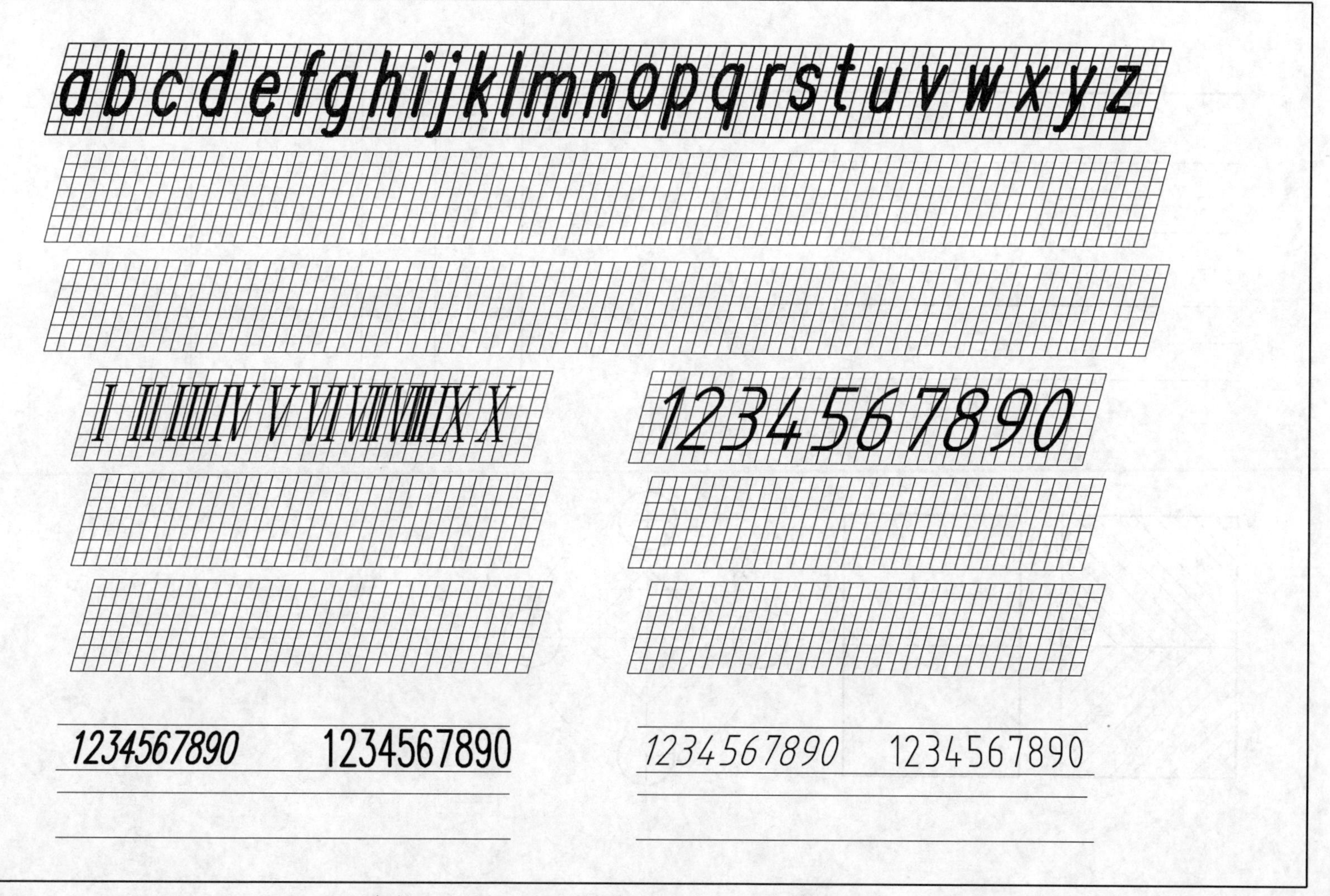
abcdefghijklmnopqrstuvwxyz
I II III IV V VI VII VIII IX X
1234567890
1234567890 1234567890
1234567890 1234567890

班级 姓名 学号

1-3 线型练习

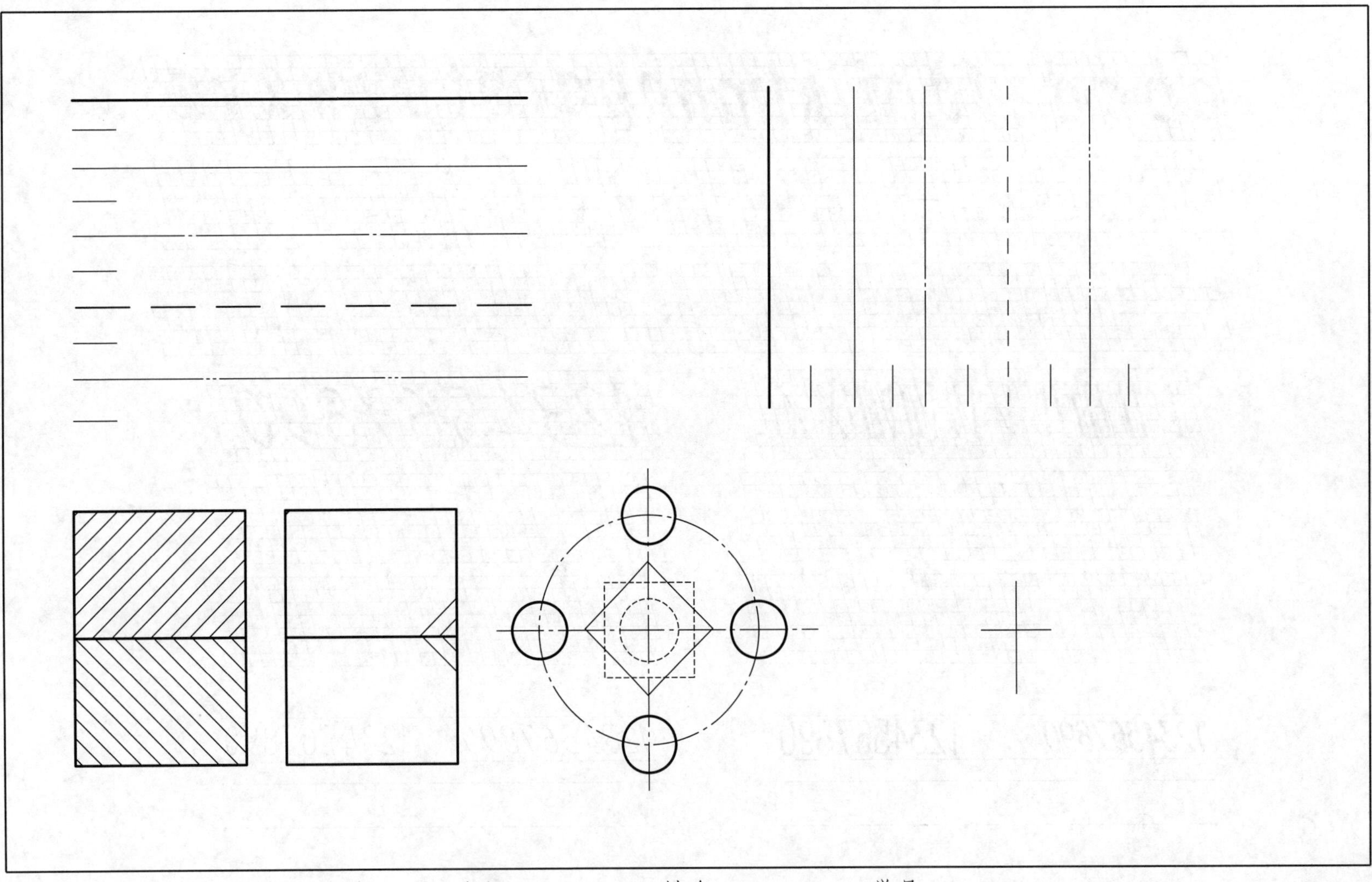

班级　　　　姓名　　　　学号

1-4 线型练习大作业

一、目的、内容与要求

1. 初步掌握国家标准《机械制图》的有关内容，学会绘图仪器和工具的使用方法。

2. 图形正确，布置适当，线型练习合格，字体工整，尺寸齐全，符合国家标准，连接光滑，图面整洁。

二、图名、图幅、比例

1. 图名：线型练习。

2. 图幅：A4 图纸竖放。

3. 比例：1∶1。

三、步骤及注意事项

1. 绘图前应对所画图形进行分析研究，以确定正确的作图步骤，特别注意图形轮廓上圆的画法，在图面布置时，还应预留出标注尺寸的位置。

2. 线型中粗实线宽度为 0.7mm，虚线和细实线为粗实线的1/3。

3. 图形中的字体要写成长仿宋体，尺寸数字用 3.5 号字。

4. 注意图中箭头的画法，其宽度为 0.7mm，长度为宽度的 6 倍左右。

5. 打底稿，认真进行检查，最后进行加粗、加深。

四、填写标题栏

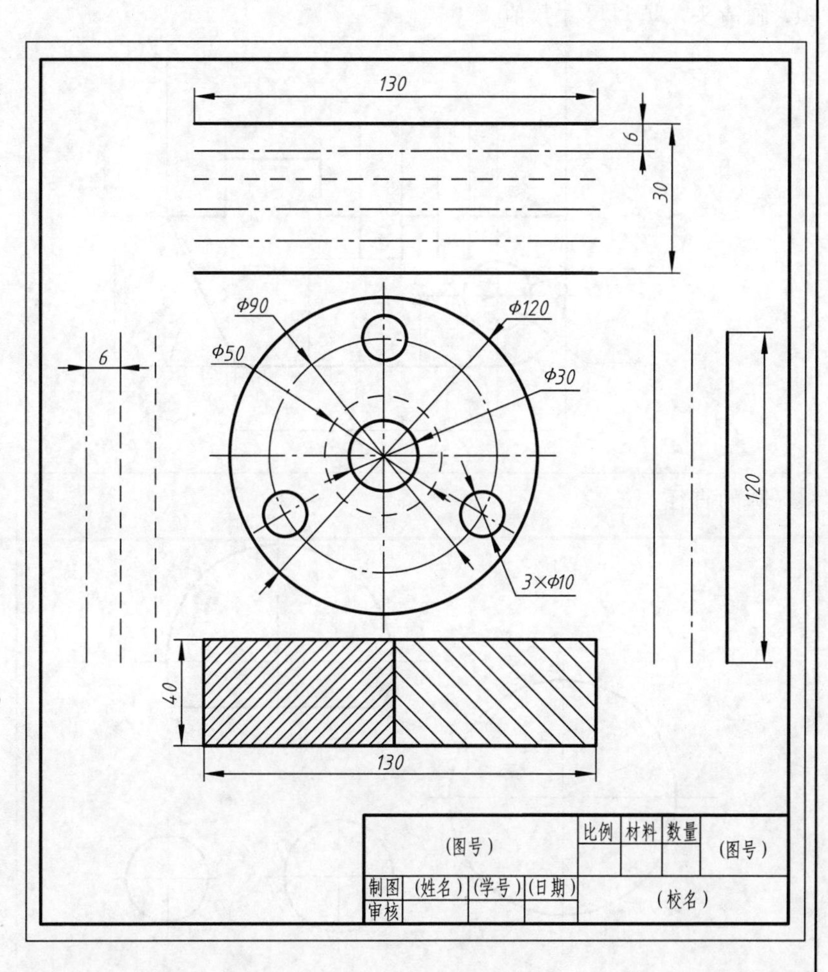

班级　　　　姓名　　　　学号

1-5 尺寸标注（数值从图中度量，取整数）

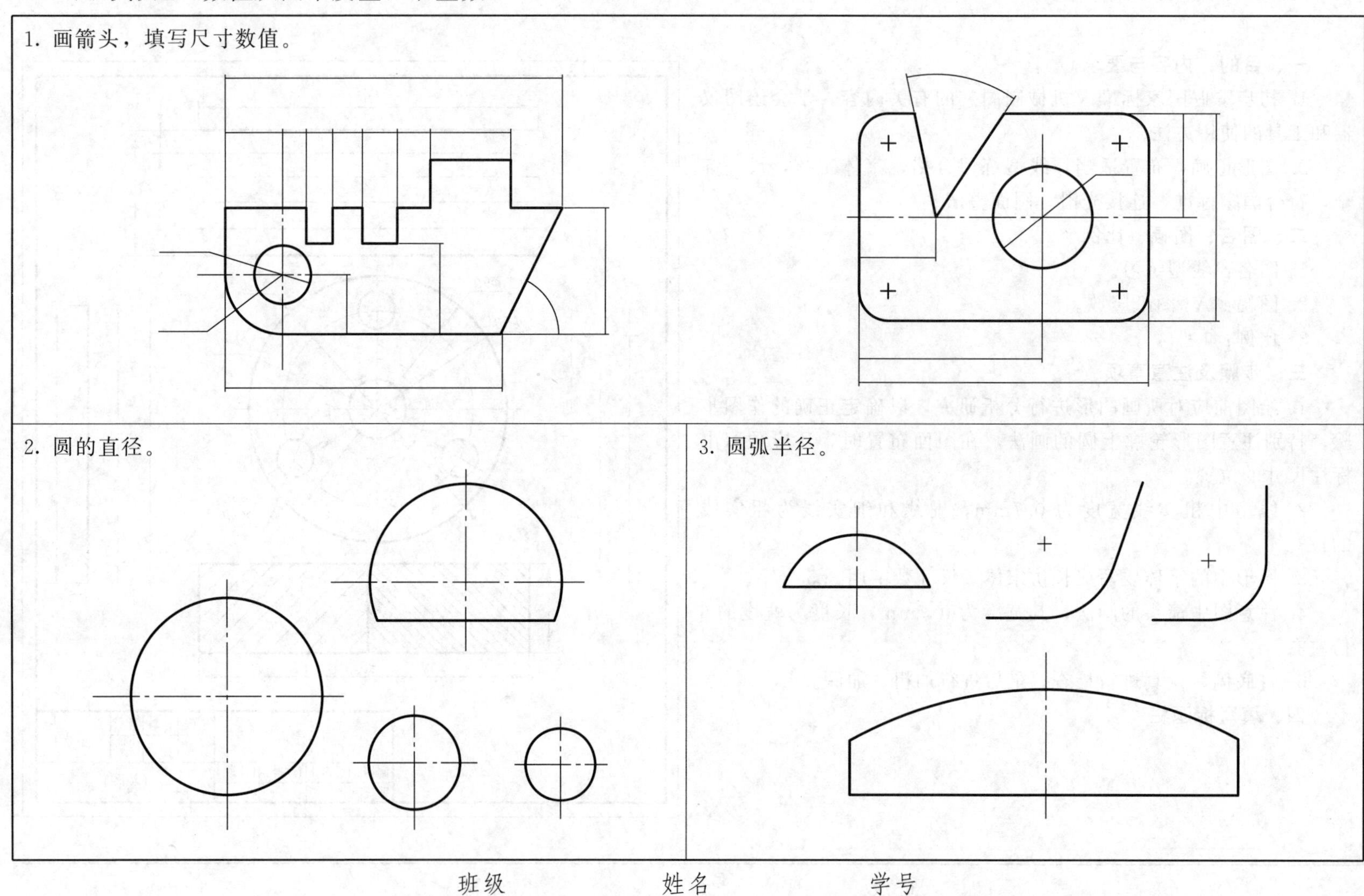

班级　　　　　　姓名　　　　　　学号

1-6　尺寸标注

1. 左图中尺寸标注有错误，将正确的标注在右图上。

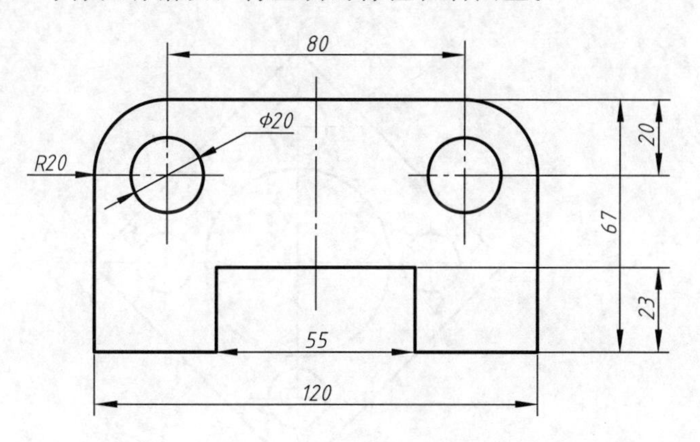

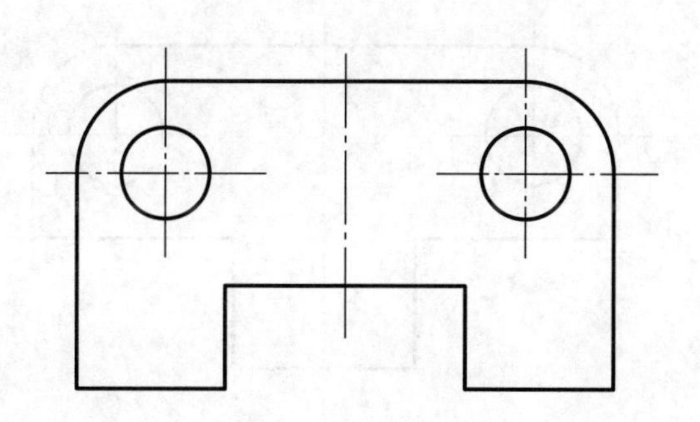

2. 参照右图所示，用 1∶2 比例在指定位置画出图形，并标注尺寸。

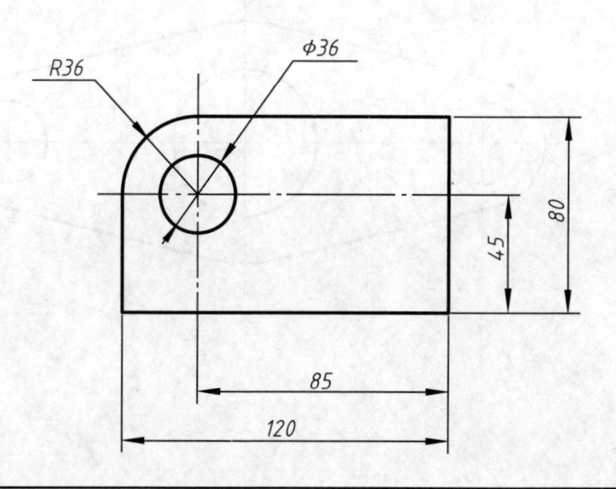

班级　　　　　　姓名　　　　　　学号

1-7　按 1：1 标注尺寸（从图中度量取整数）

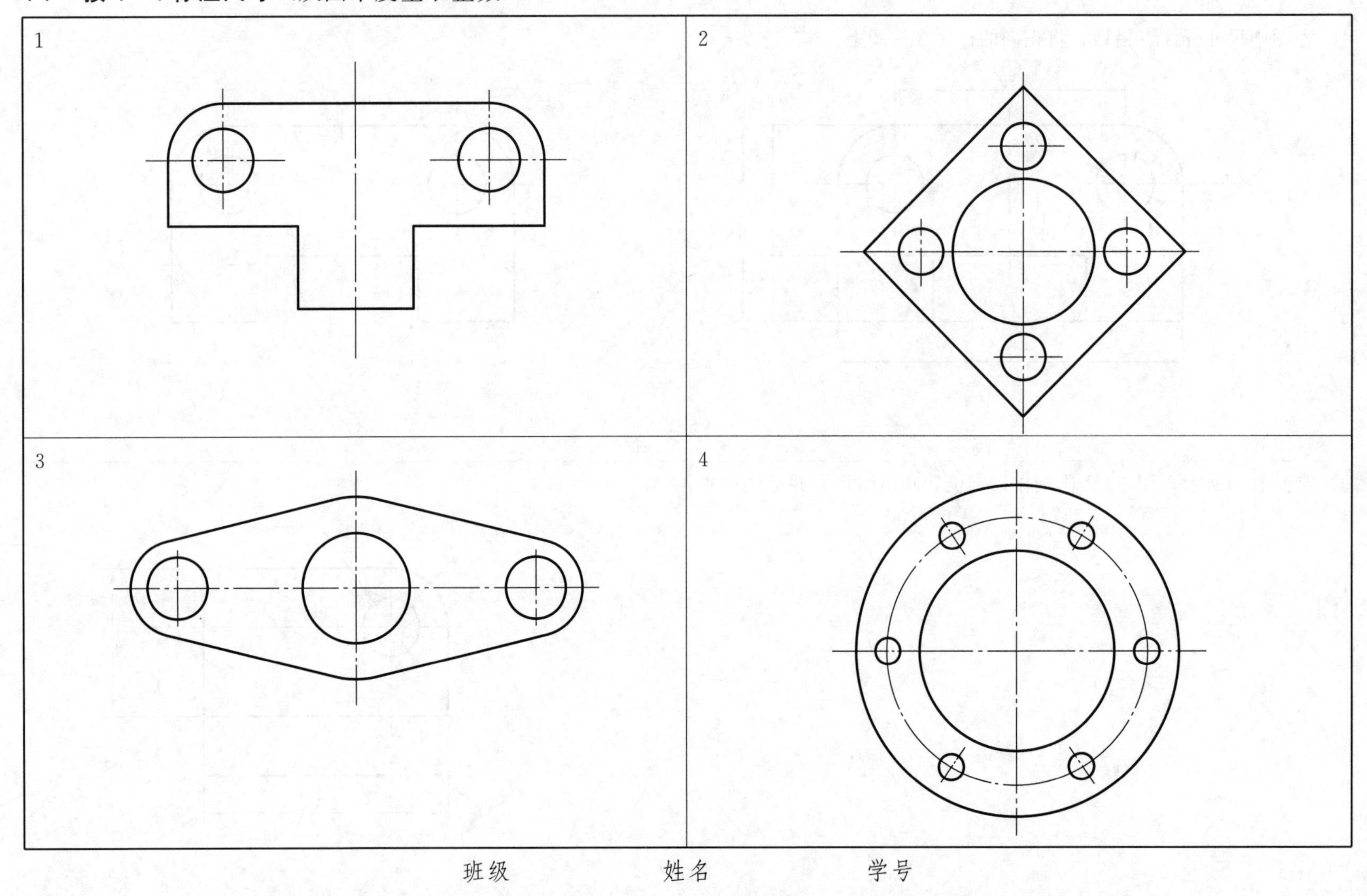

班级　　　　　　姓名　　　　　　学号

1-8　几何作图（一）

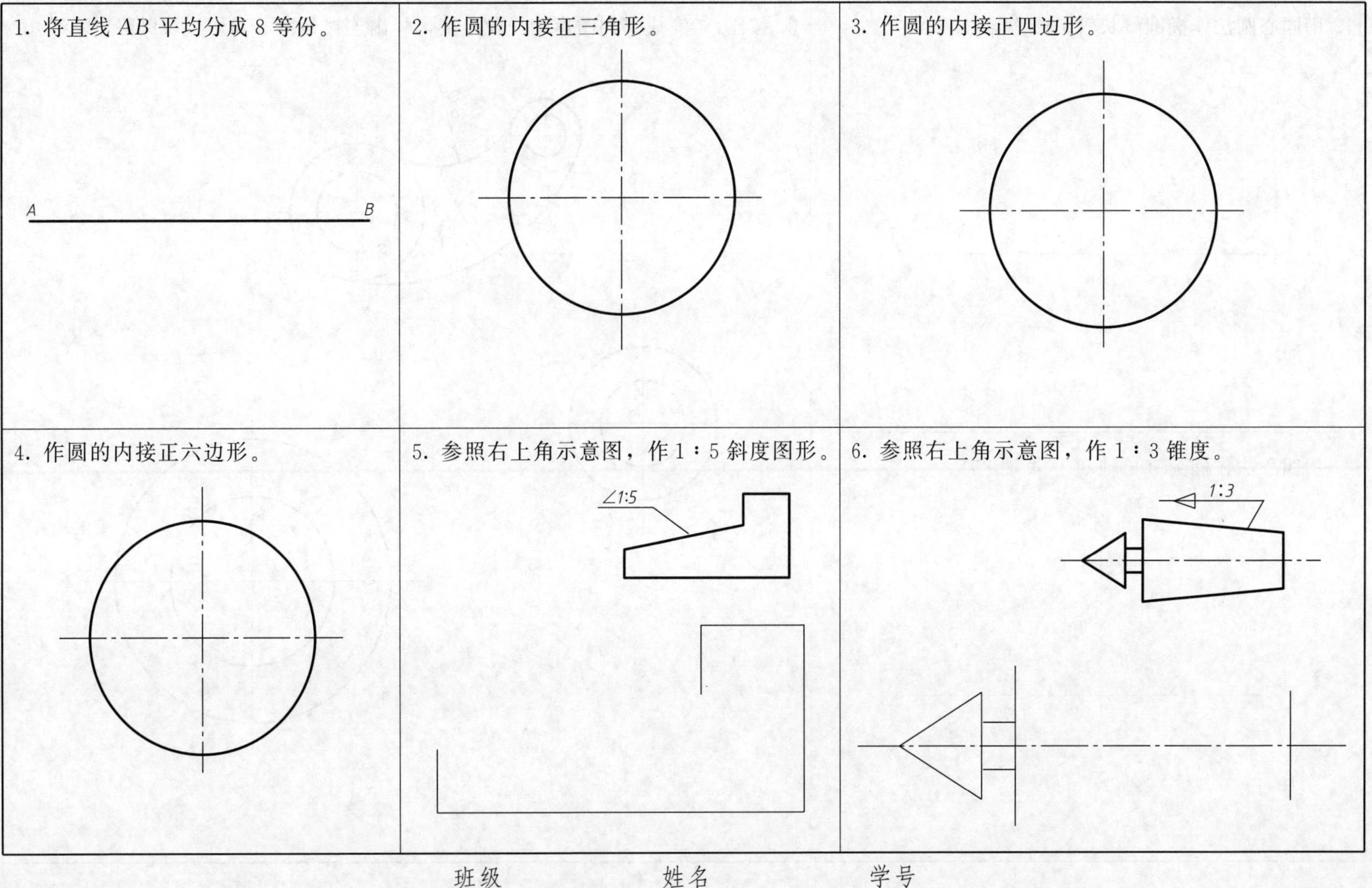

班级　　　　　姓名　　　　　学号

1-9　几何作图（二）

1. 用同心圆法作椭圆（长轴 60、短轴 35）。

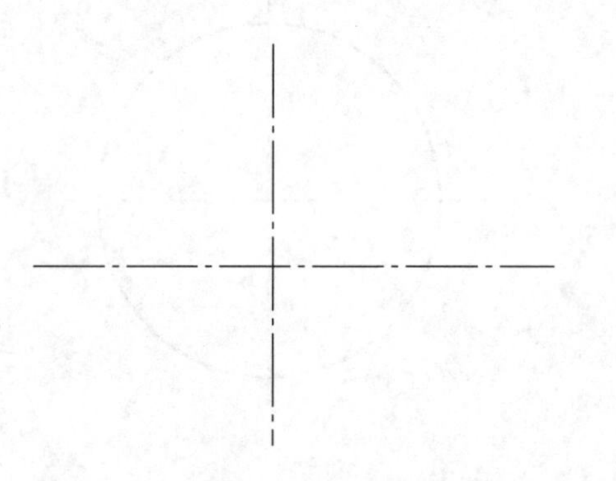

2. 用四心法作椭圆（长轴 60、短轴 35）。

3. 按 1：1 完成下列图形的线段连接，标出连接弧圆心和切点（保留作图线）。

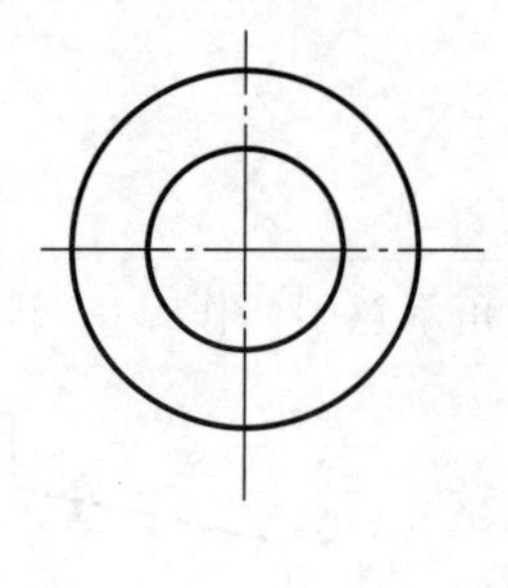

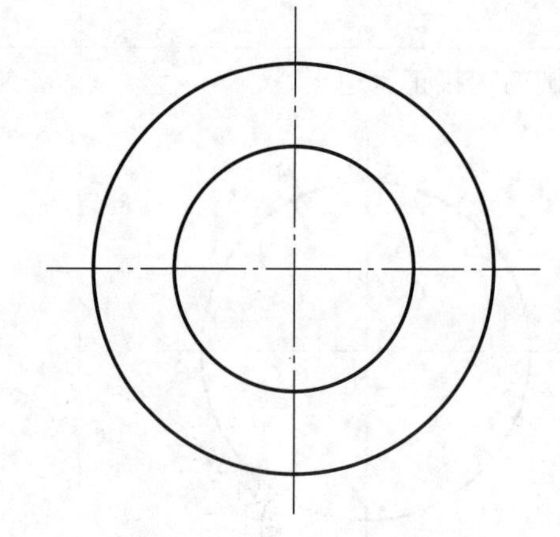

班级　　　　姓名　　　　学号

1-10　徒手绘制下面图形，比例自定，不注尺寸

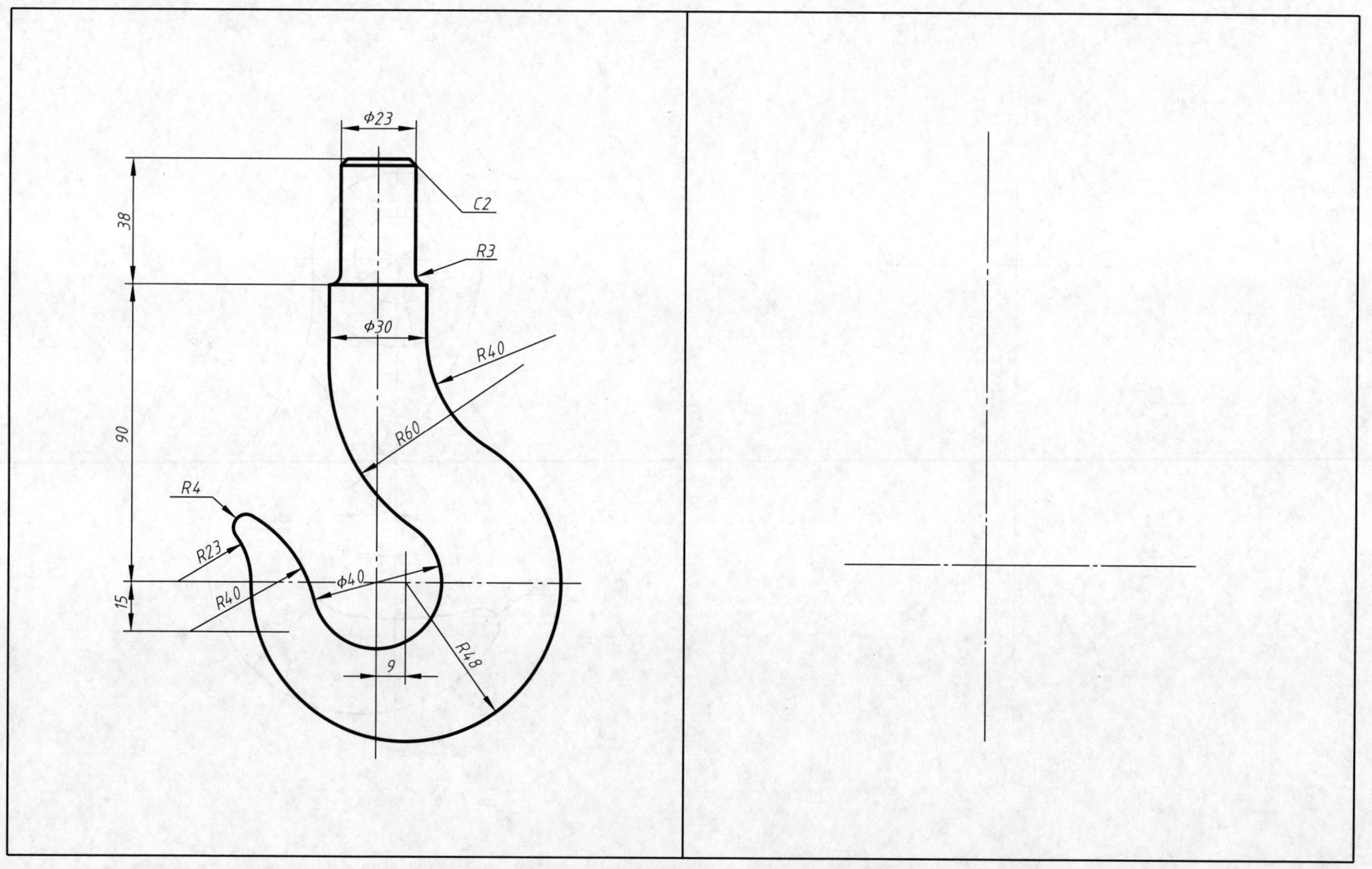

班级　　　　姓名　　　　学号

1-10 徒手绘制下面图形，比例自定，不注尺寸（续）

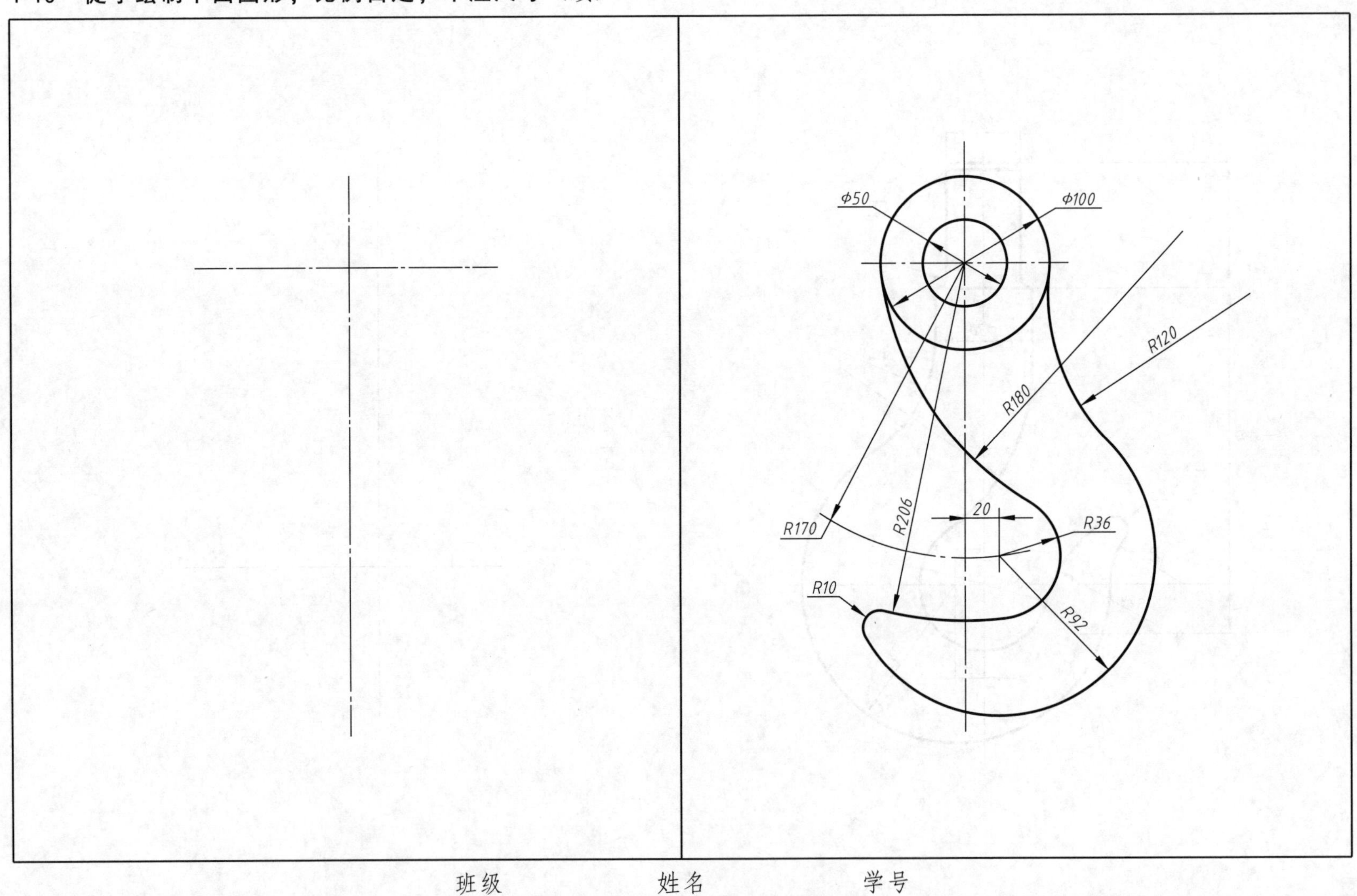

班级 姓名 学号

1-11　平面图形作业

一、作业目的

1. 熟悉平面图形的绘图步骤和尺寸注法。

2. 掌握线段作图方法和技巧。

二、内容与要求

1. 绘制如图所示平面图形并标注尺寸。

2. 用 A3 图纸竖放，比例为 1∶1。

三、绘图步骤

1. 分析图形中的尺寸作用及线段性质，确定作图步骤。

2. 打底稿。

（1）画图框和标题栏。

（2）画出图形的基准线及圆的中心线等。

（3）按已知线段、中间线段和连接线段的顺序，画出图形。

（4）画出尺寸线、尺寸界线。

3. 检查底稿，描深、加深图线。

4. 标注尺寸、填写标题栏。

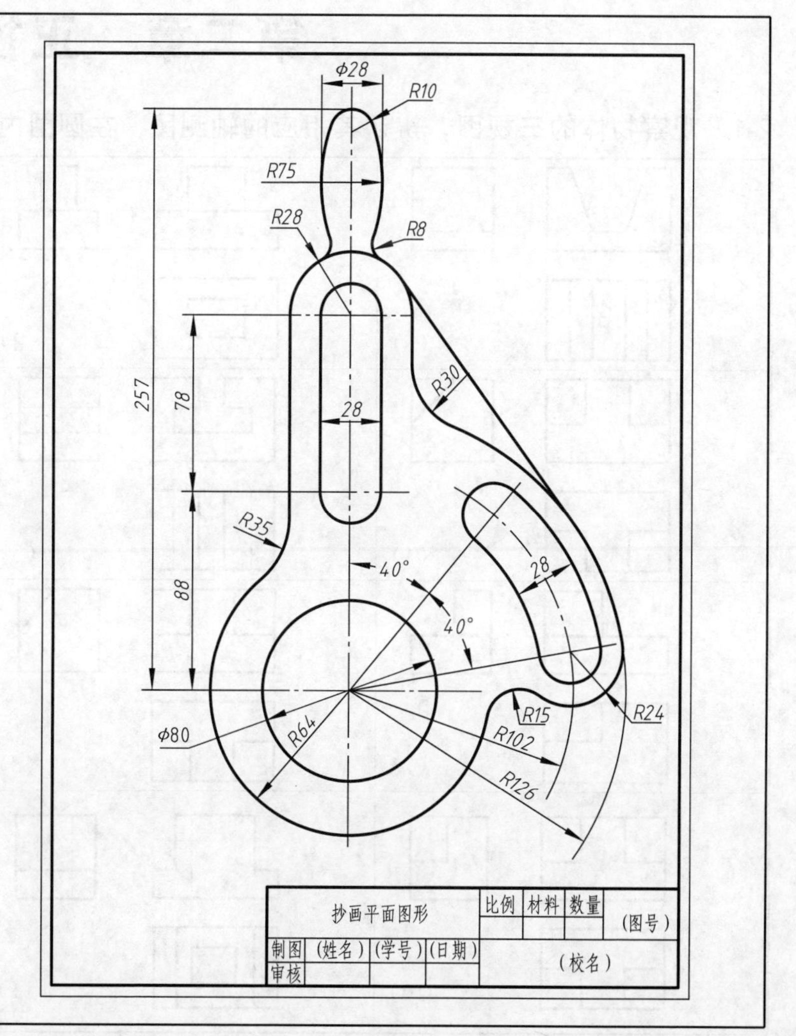

班级　　　　　　　　姓名　　　　　　　　学号

第二章　正投影的基础知识

2-1　观察物体的三视图，辨认其相应的轴测图，在圆圈内填写对应的序号

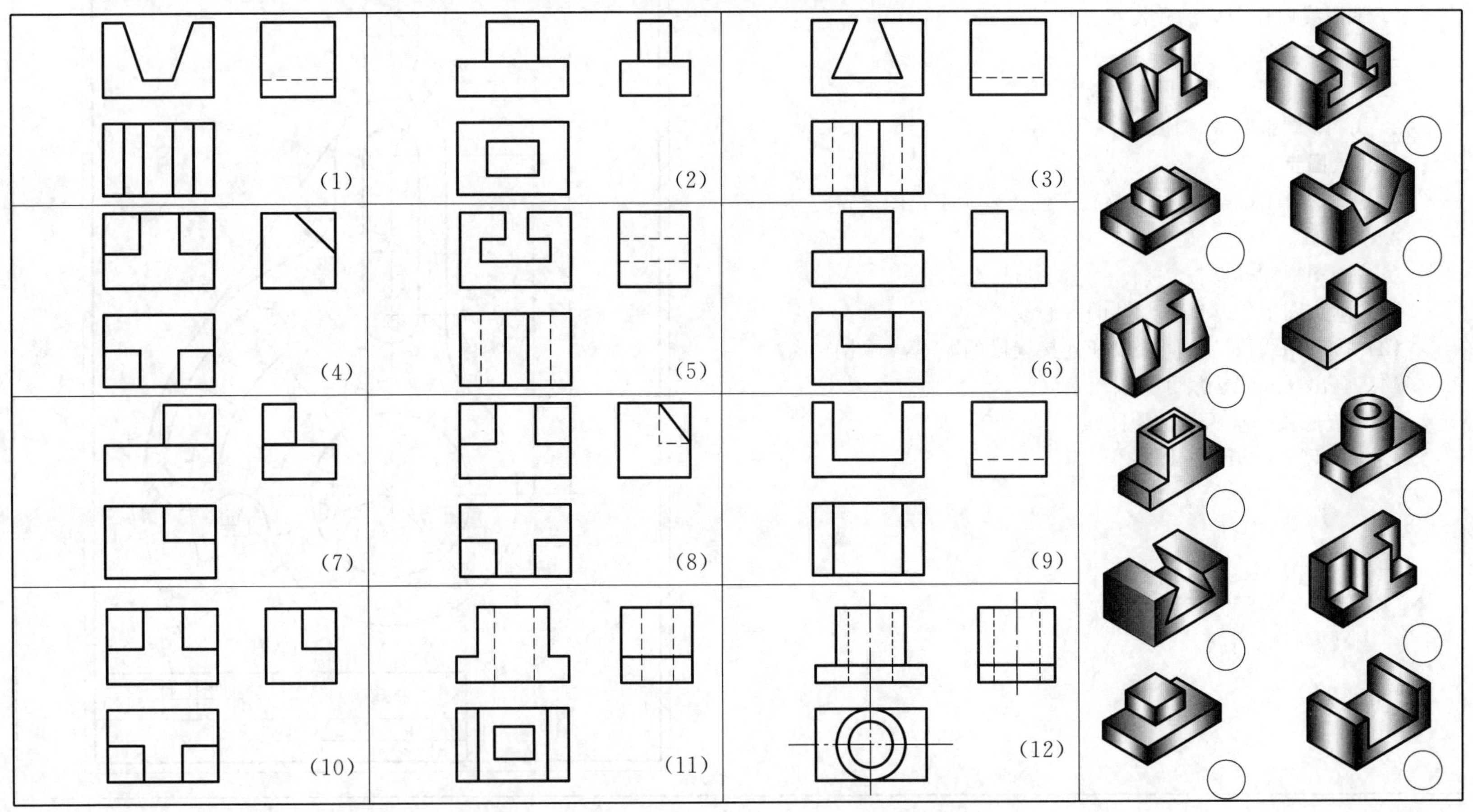

班级　　　　姓名　　　　学号

2-2 三视图的投影关系和方位关系

1. 在三视图中填写视图名称，在尺寸线上填“长”、“宽”、“高”，并填空。

由________向________投射所得视图称为________视图；

由________向________投射所得视图称为________视图；

由________向________投射所得视图称为________视图；

主、俯视图________对正；

主、左视图________平齐；

俯、左视图________相等。

2. 在三视图中填写上、下、左、右、前、后，如主视图，并填空。

主视图反应物体的________和________；

俯视图反应物体的________和________；

左视图反应物体的________和________；

俯视图的下方和左视图的右方表示物体的________方；

俯视图的上方和左视图的左方表示物体的________方。

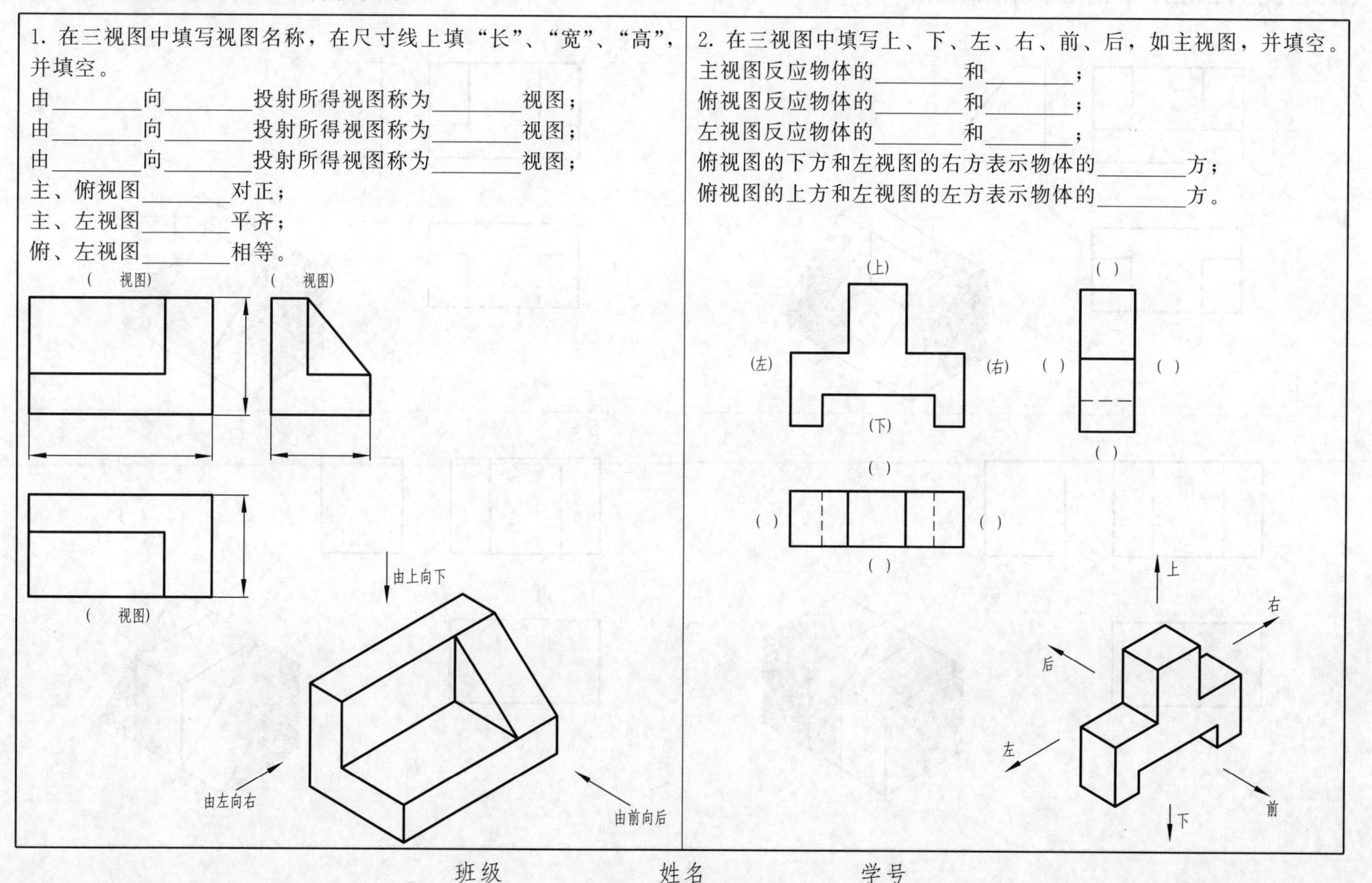

班级　　　　姓名　　　　学号

2-3　参照轴测图，补画图中所缺的图线

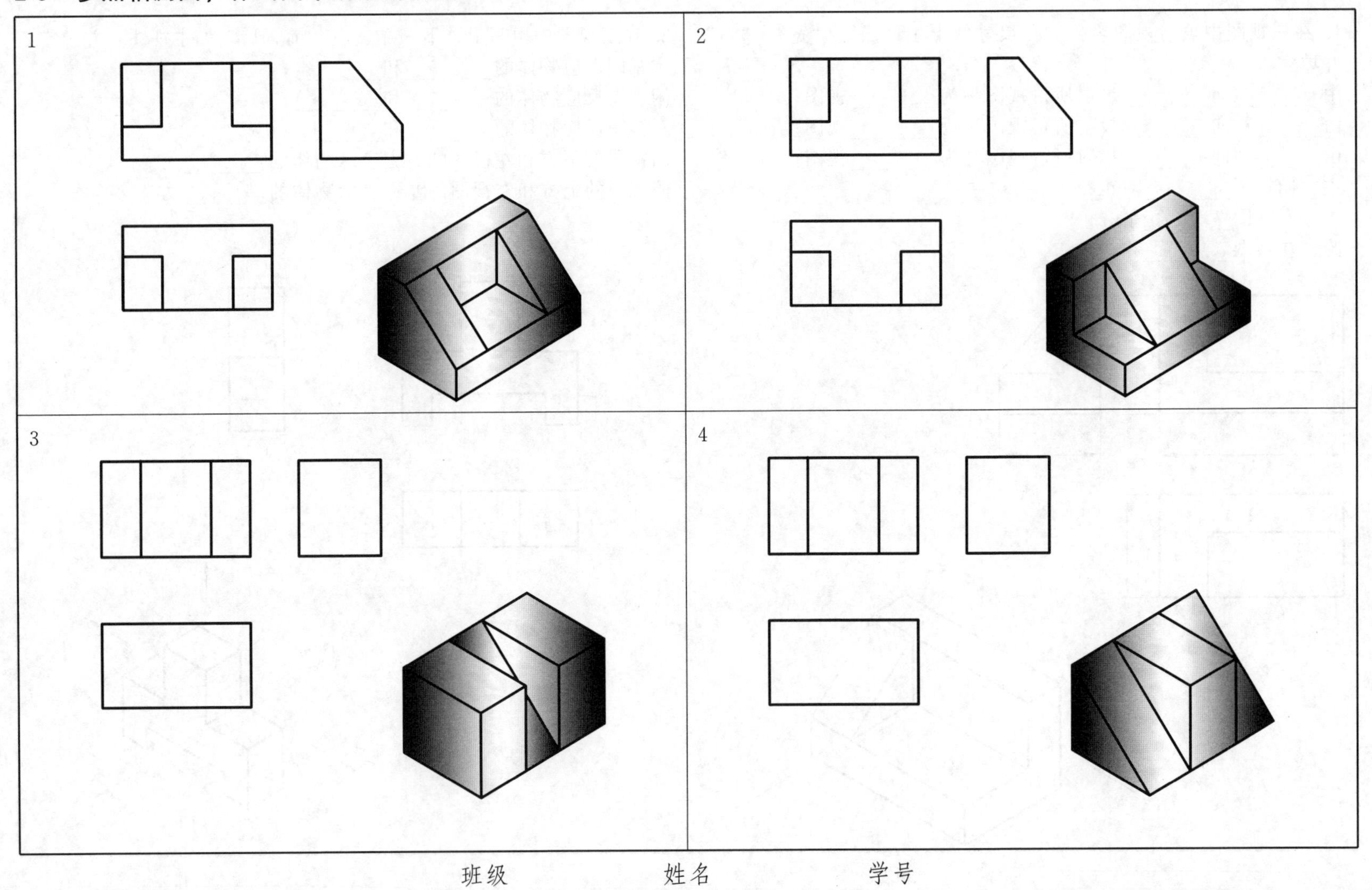

班级　　　　姓名　　　　学号

2-4　根据轴测图，补画第三视图

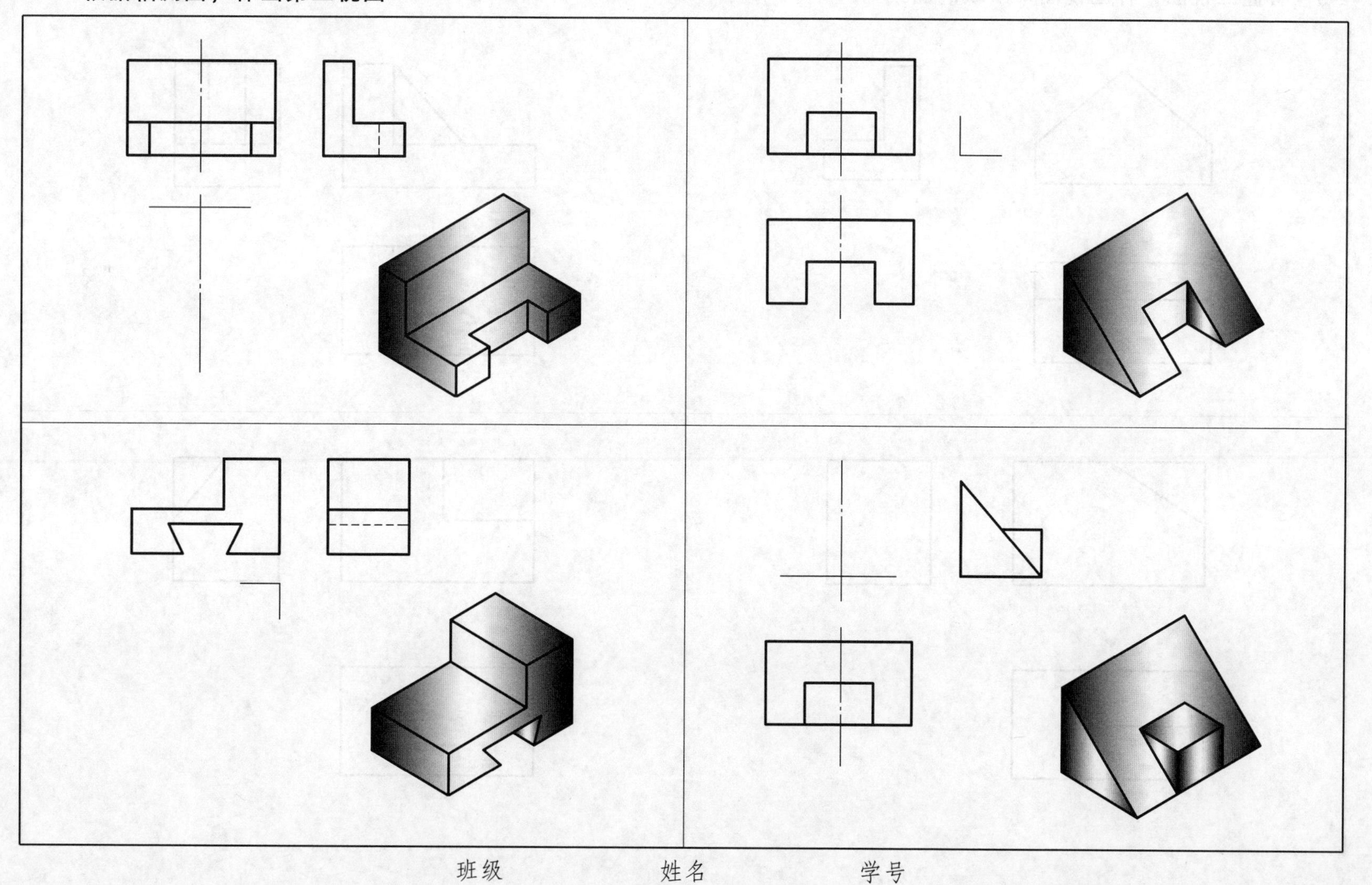

班级　　　　　　　　姓名　　　　　　　　学号

2-5　看懂三视图，补画视图中所缺的图线

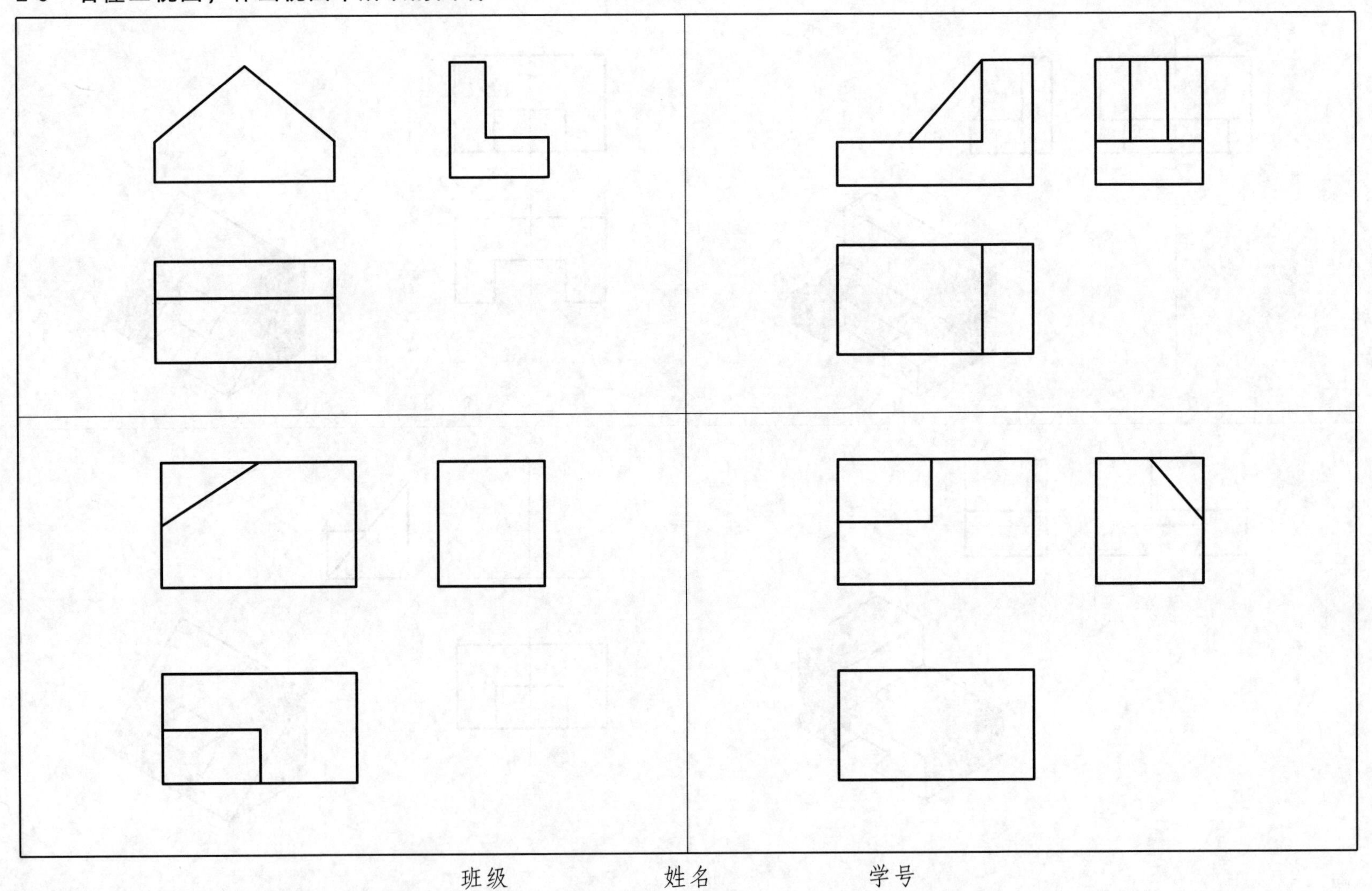

班级　　　　　姓名　　　　　学号

2-6 点的投影

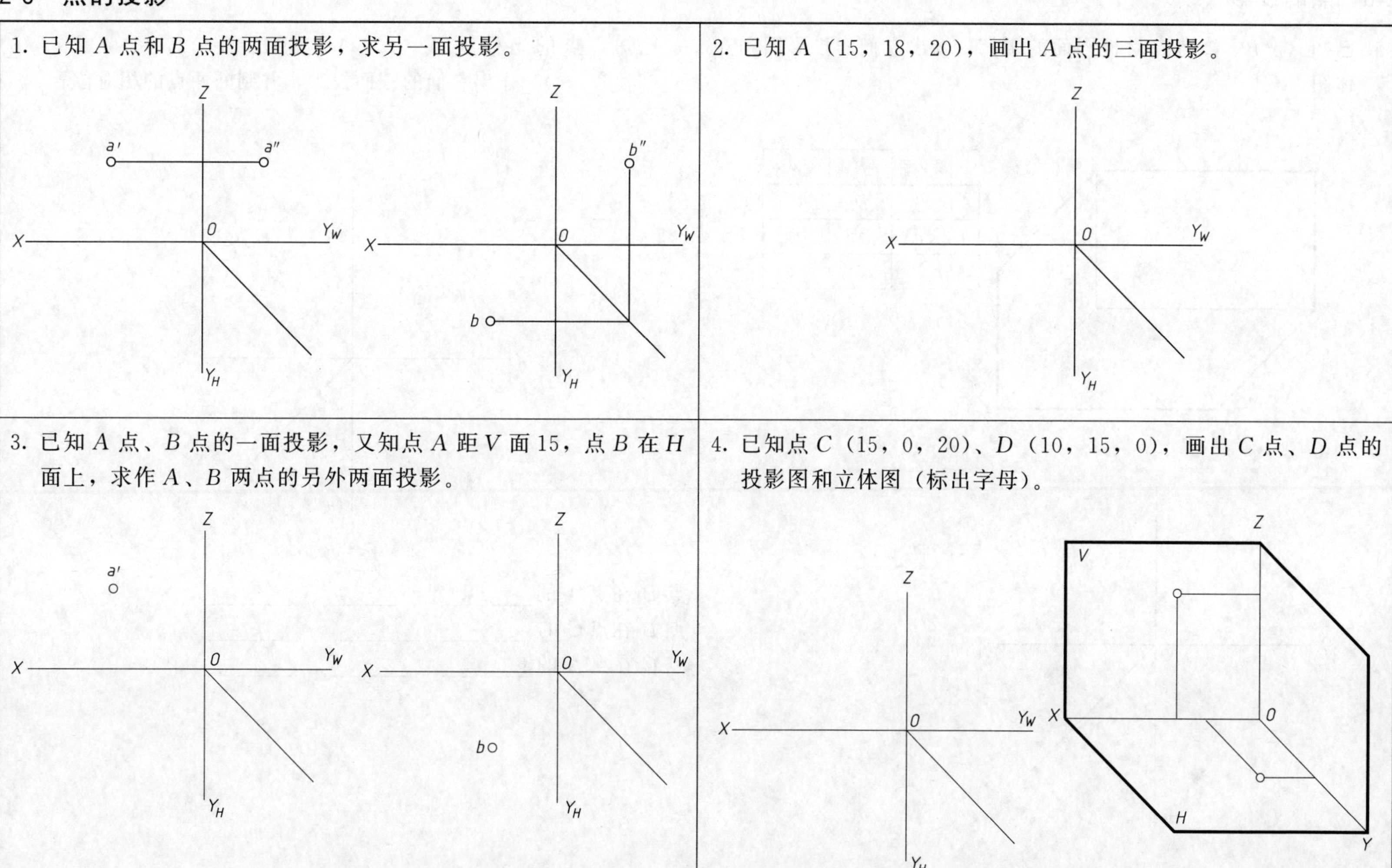

班级　　姓名　　学号

2-6 点的投影（续）

5. 已知 A、B、C 各点对投影面的距离，画出它们的投影图和立体图。

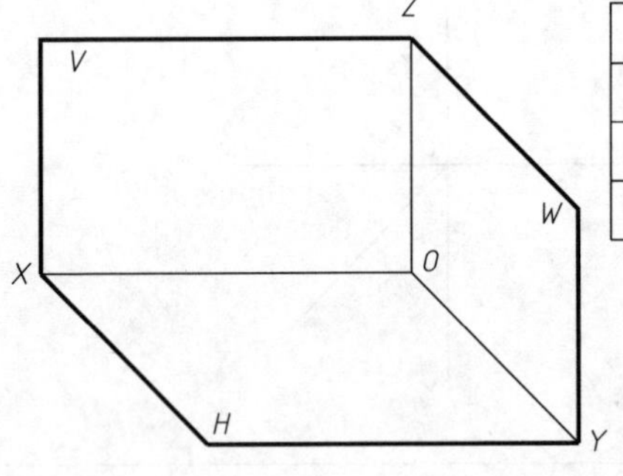

	距V面	距H面	距W面
A	20	10	15
B	0	20	10
C	0	0	20

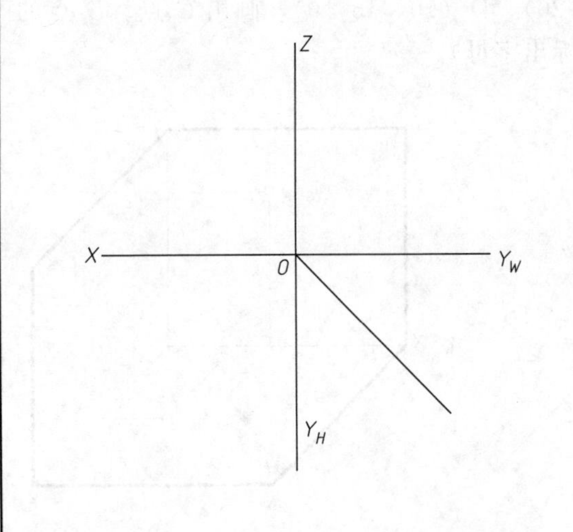

6. 已知各点的坐标为 A（20，12，10）、B（15，18，18）、C（6，6，24），作出它们的三面投影，并判断两点的相对位置。

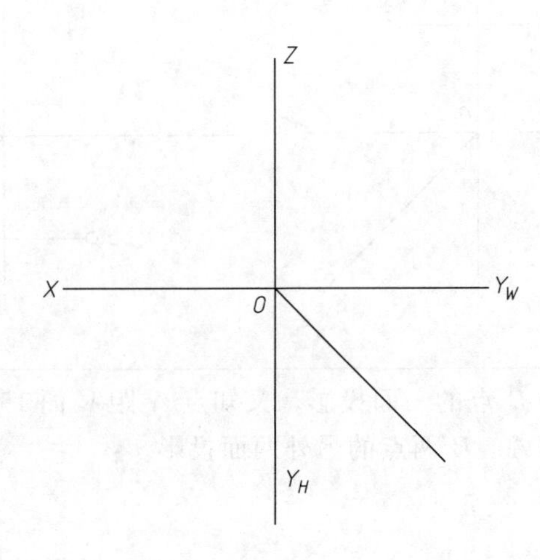

点 B 在点 A 的________、________、________。

点 B 在点 C 的________、________、________。

点 C 在点 A 的________、________、________。

班级　　　　姓名　　　　学号

2-6 点的投影（续）

7. 已知 A 点距 V 面 15，距 H 面 20，距 W 面 25，求其三投影。

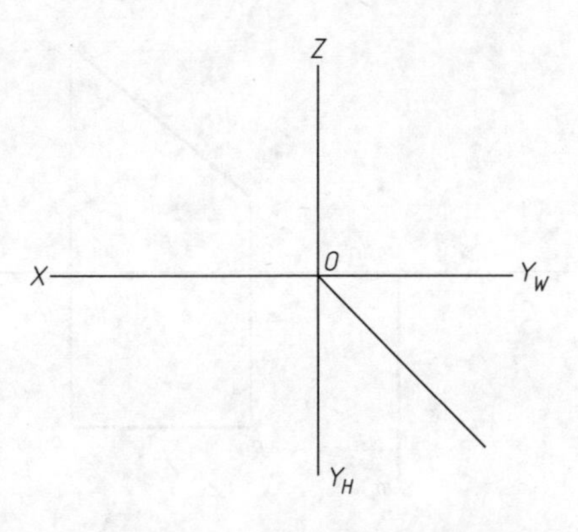

8. 已知 A 点的正面投影和 B 点的侧面投影，A 点距 V 面 15，B 点在 W 面上，求作 A 点和 B 点的另两面投影。

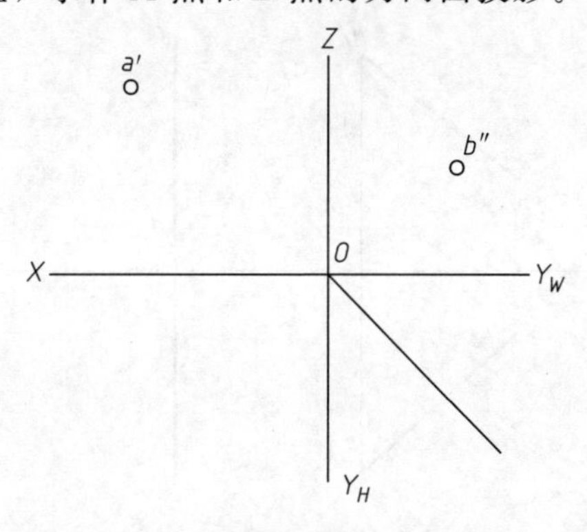

9. B 点在 A 点的右 5、下 8、后 10 处，求作 B 点的三面投影。

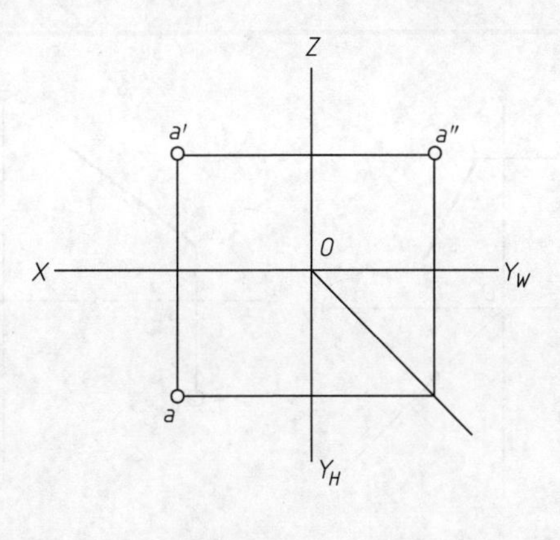

10. 说明 B、C 两点相对 A 点的位置。

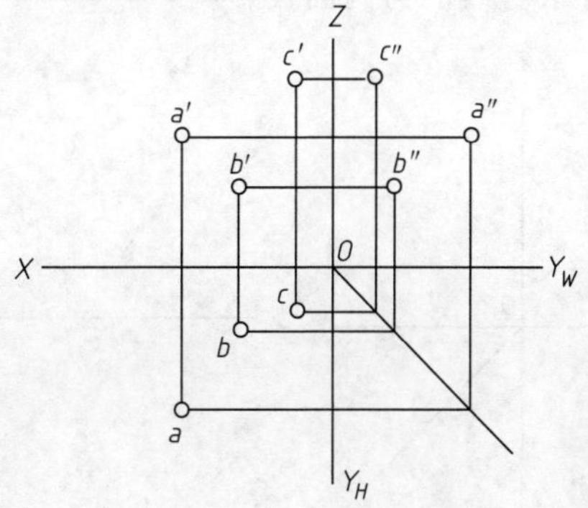

B 点在 A 点的____、____、____方；C 点在 A 点____、____、____方。

班级　　　　姓名　　　　学号

2-7 直线的投影

1. 判断下列直线的空间位置。

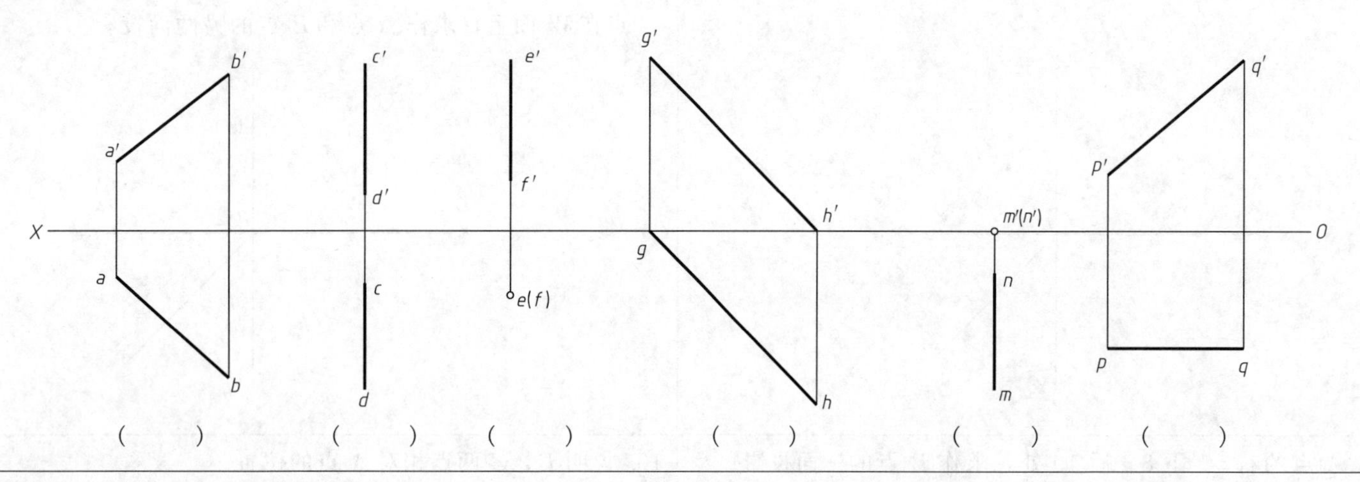

(　　)　(　　)　(　　)　(　　)　(　　)　(　　)

2. 根据已知条件求直线的另两面投影。

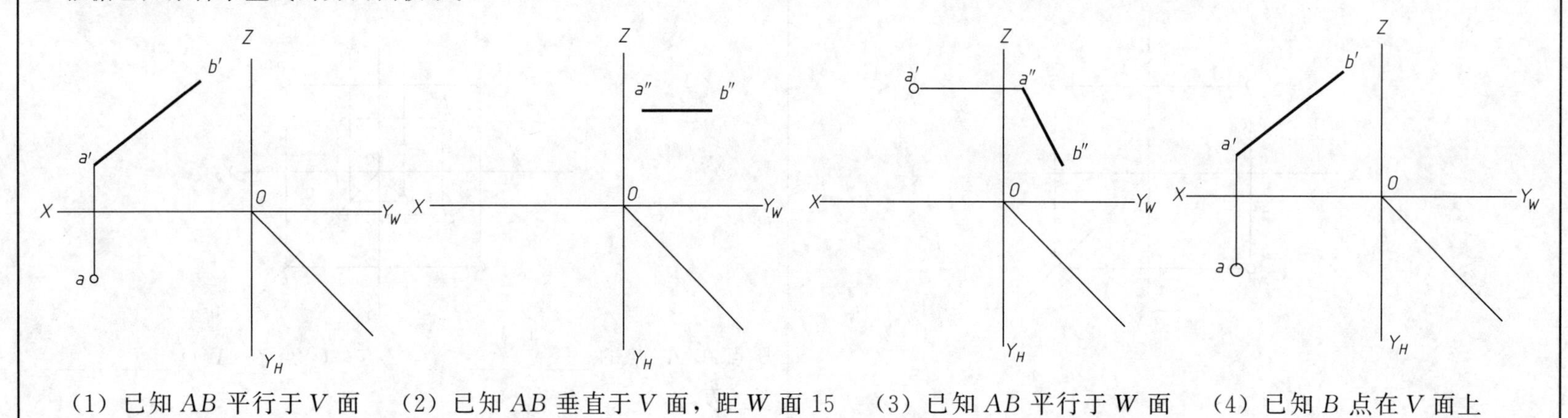

(1) 已知 AB 平行于 V 面　(2) 已知 AB 垂直于 V 面，距 W 面 15　(3) 已知 AB 平行于 W 面　(4) 已知 B 点在 V 面上

班级　　　　　姓名　　　　　学号

2-7 直线的投影（续）

3. 已知直线的两面投影求其第三面投影。

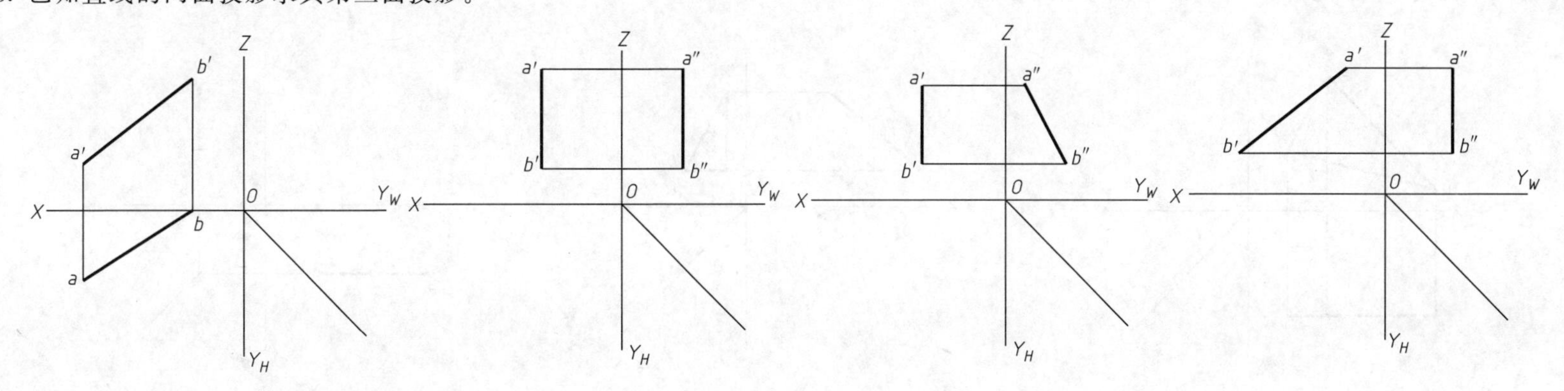

4. 根据立体图，补画三视图中漏线，标出字母并填空。

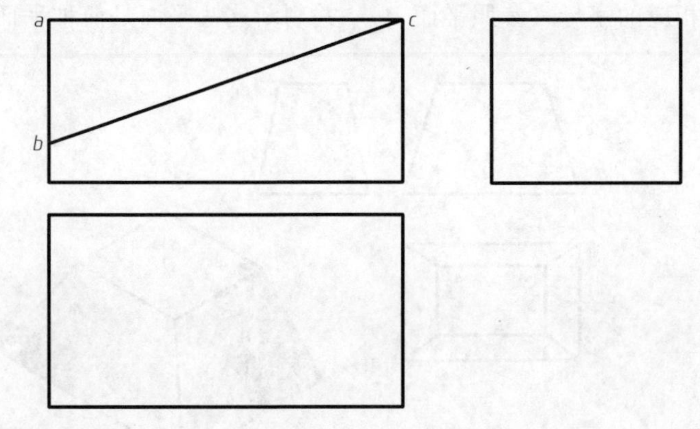

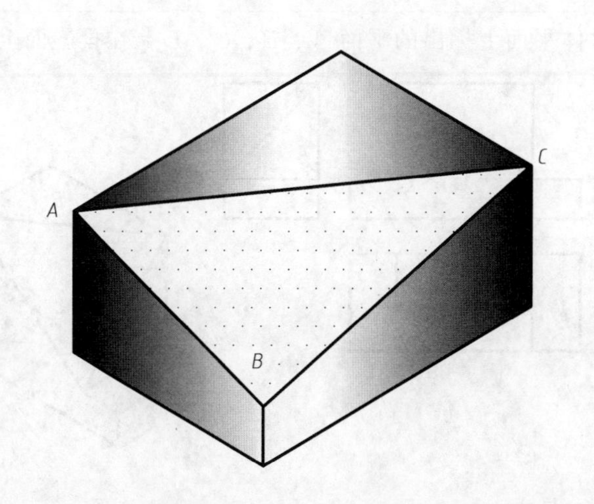

AB 是________线，*BC* 是________线，*CA* 是________线。

班级　　　　　　　　姓名　　　　　　　　学号

2-8 平面的投影

1. 补画平面的第三面投影，并判别平面的空间位置。

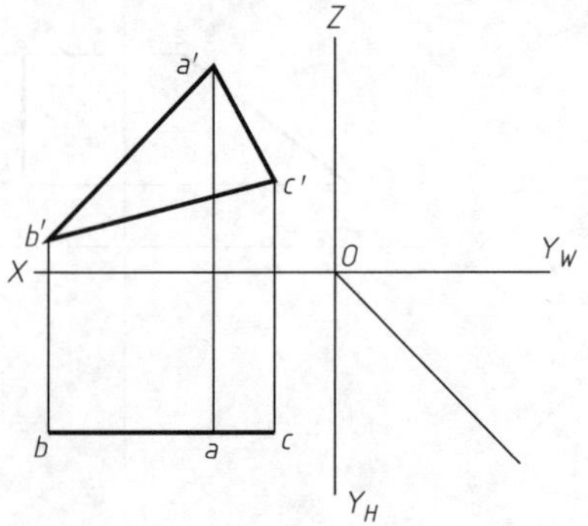

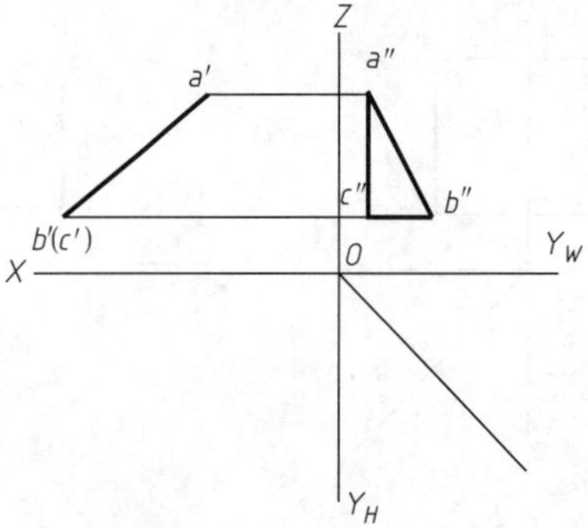

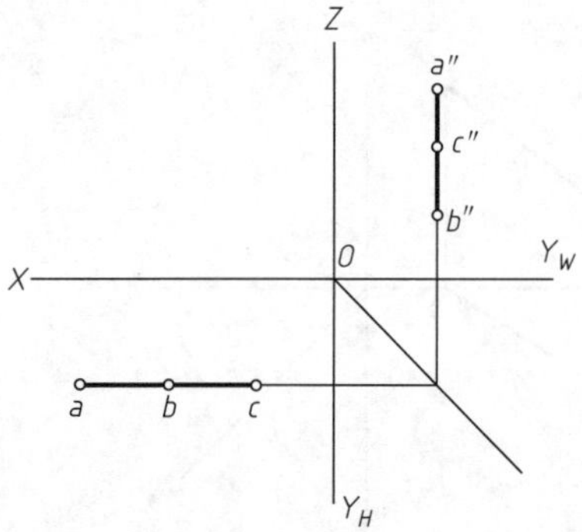

ABC 面是________面　　ABC 面是________面　　ABC 面是________面

2. 根据立体平面上标出的平面 A、B、C、D，在投影面上分别标出相应的字母（参照平面 B），并判断这些平面是何种平面。

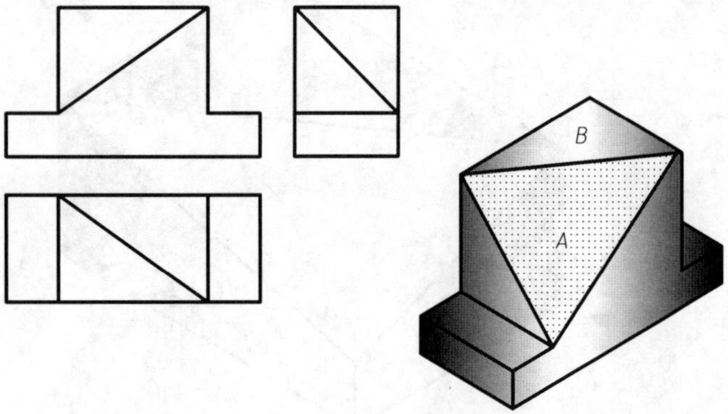

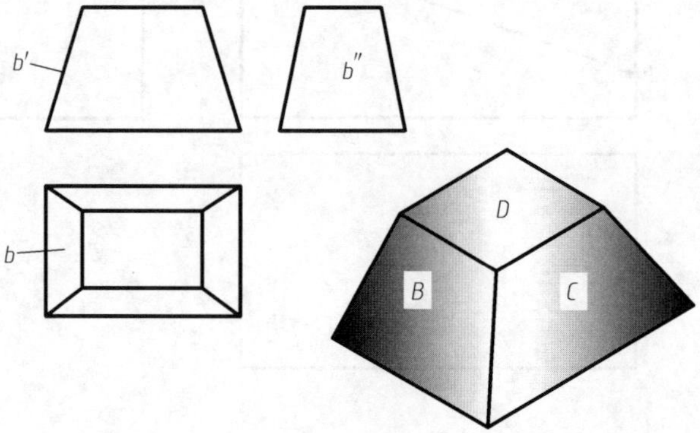

A 是________面　　B 是________面　　C 是________面　　D 是________面

班级　　　　姓名　　　　学号

3. 判断点 K 是否在△ABC 上。

4. 判断点 A、B、C、D 是否在同一平面上。

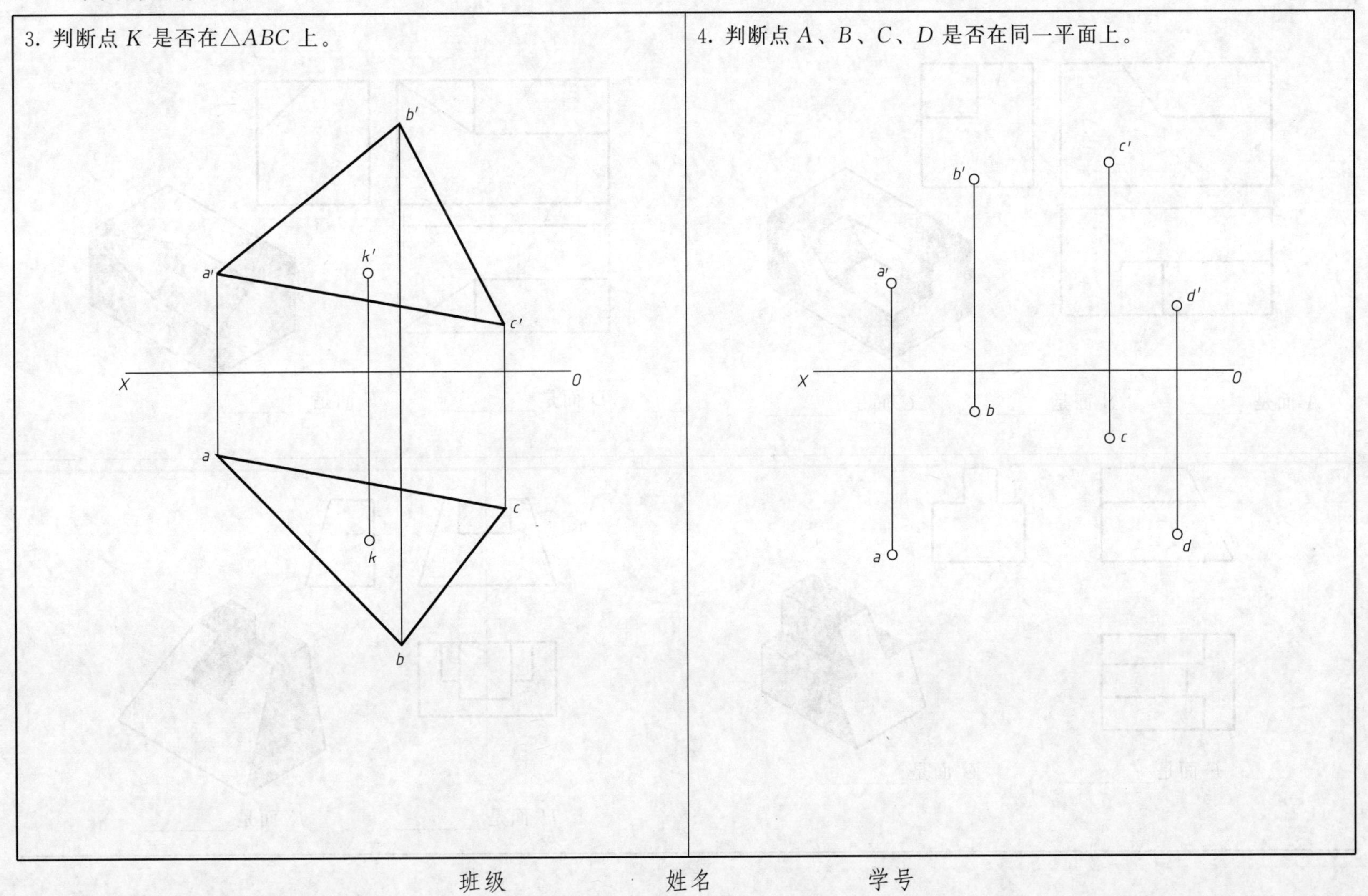

班级　　　　　　姓名　　　　　　学号

2-8　平面的投影（续）

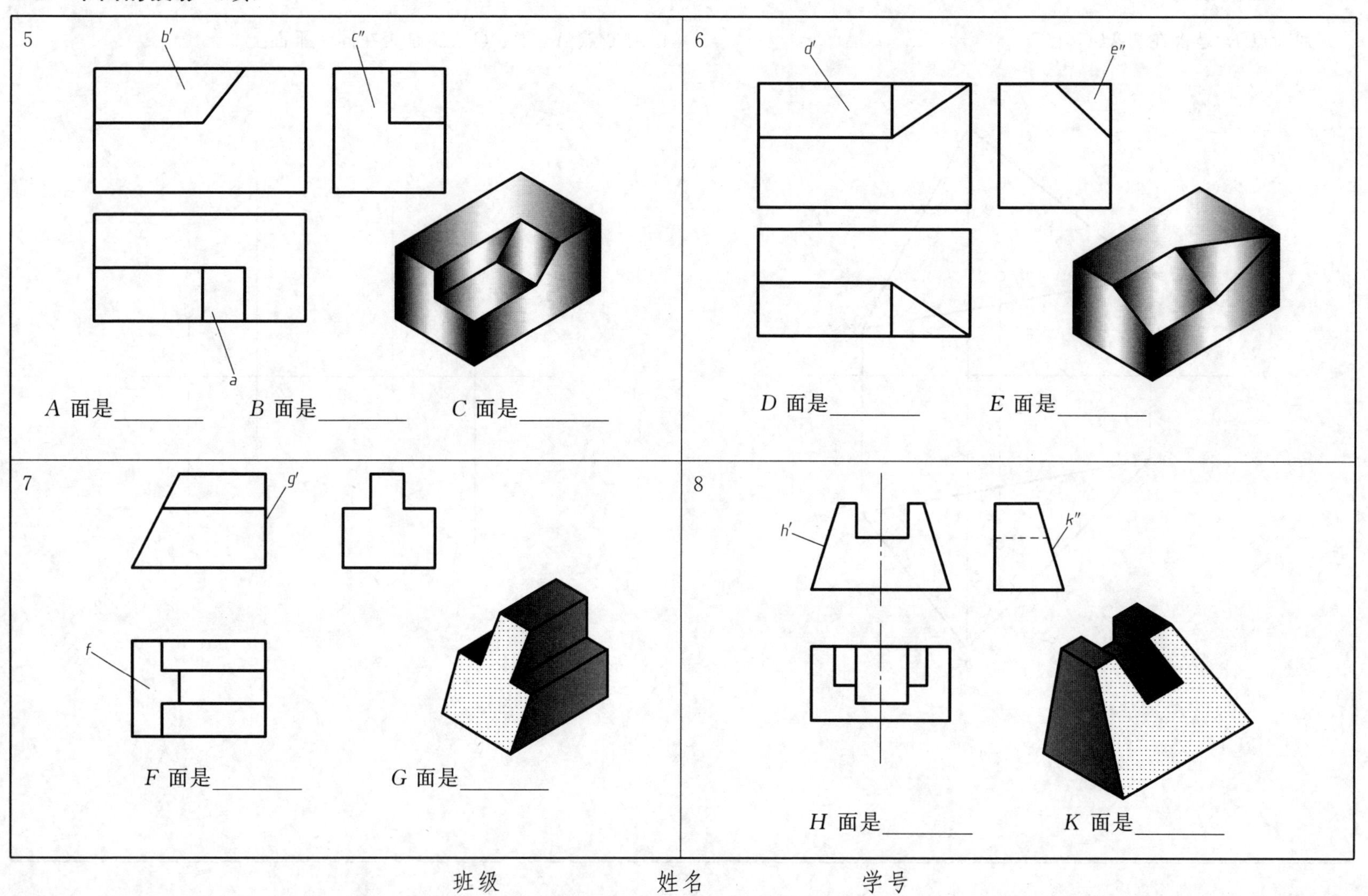

班级　　　　　　姓名　　　　　　学号

9. 作出四边形 $ABCD$ 上的△EFG 的水平投影。

10. 补全平面图形 $ABCDE$ 的两面投影。

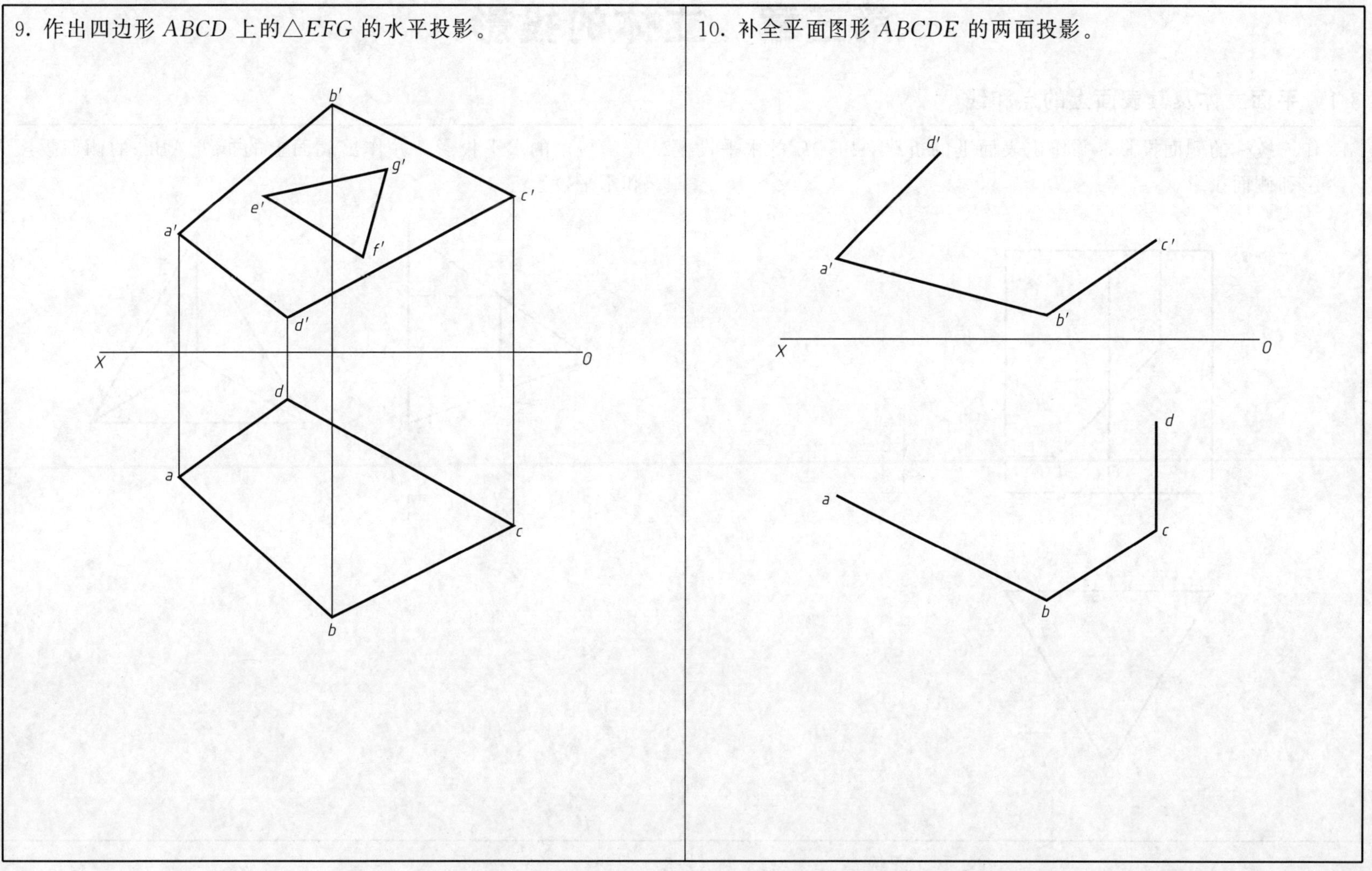

班级　　　　　　姓名　　　　　　学号

第三章　立体的投影

3-1　平面立体及其表面上的点和线

1. 作三棱柱的侧面投影，并作出表面上的折线 $ABCDE$ 的水平投影和侧面投影。

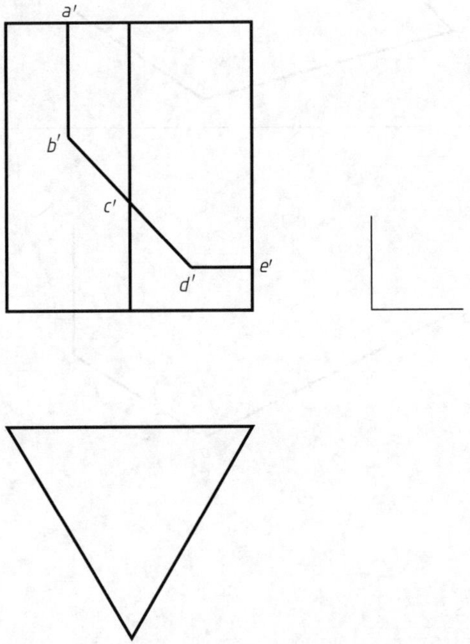

a'

b'

c'

d'

e'

2. 作三棱锥的水平投影，并作出表面上的折线 ABC 的侧面投影和水平投影。

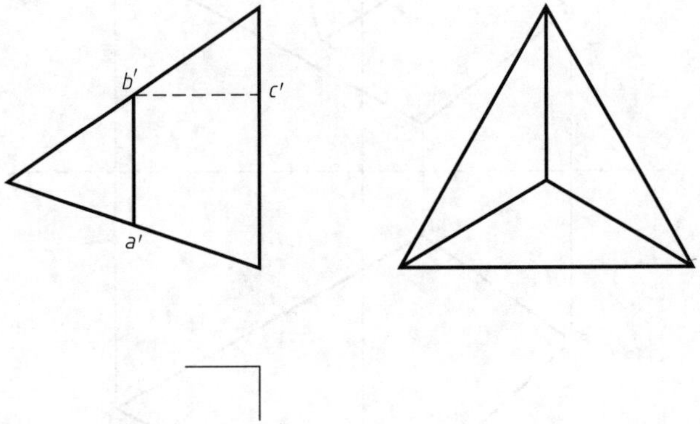

b'

c'

a'

班级　　　　　　　　姓名　　　　　　　　学号

3-2 曲面立体及其表面上的点和线

1. 完成下列回转体的投影，并作出其表面上各点和线的另二面投影。

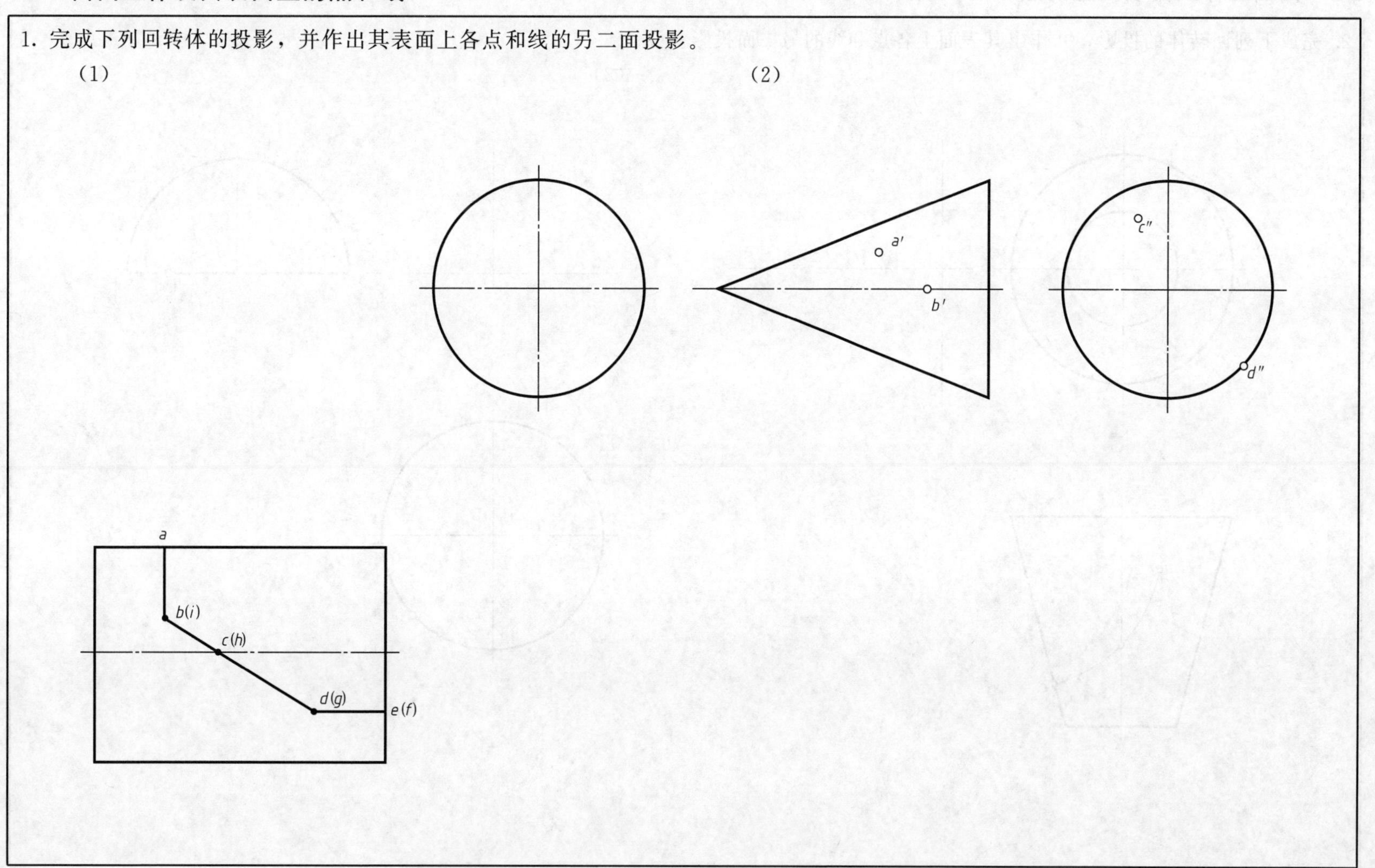

班级 姓名 学号

2. 完成下列回转体的投影，并作出其表面上各点和线的另二面投影。

（1） （2）

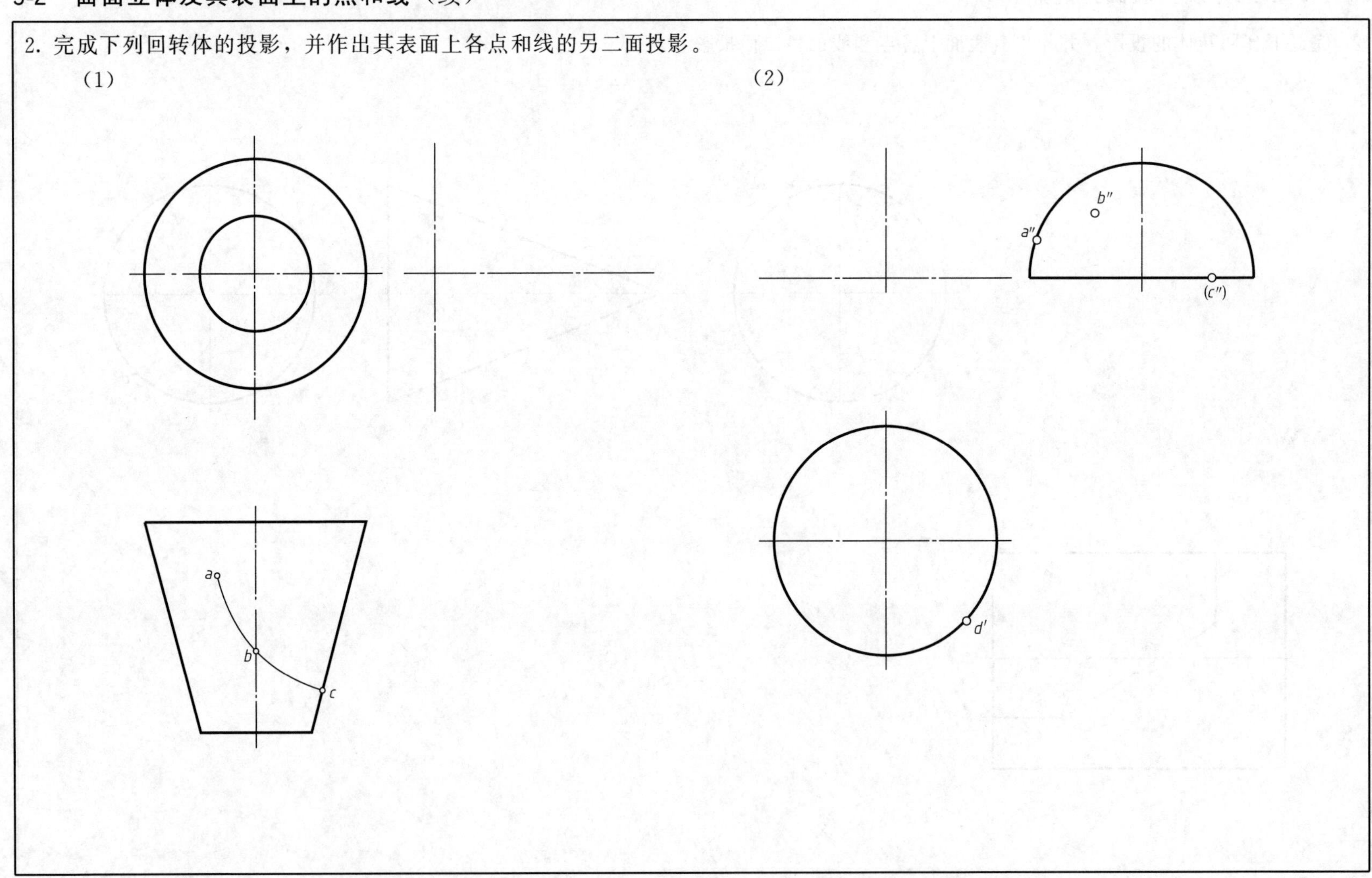

班级 姓名 学号

3-3　平面与平面立体相交

1. 作正垂面截断五棱柱的侧面投影，并补全其水平投影。

2. 作顶部具有通槽的四棱柱左端被正垂面截断后的水平投影。

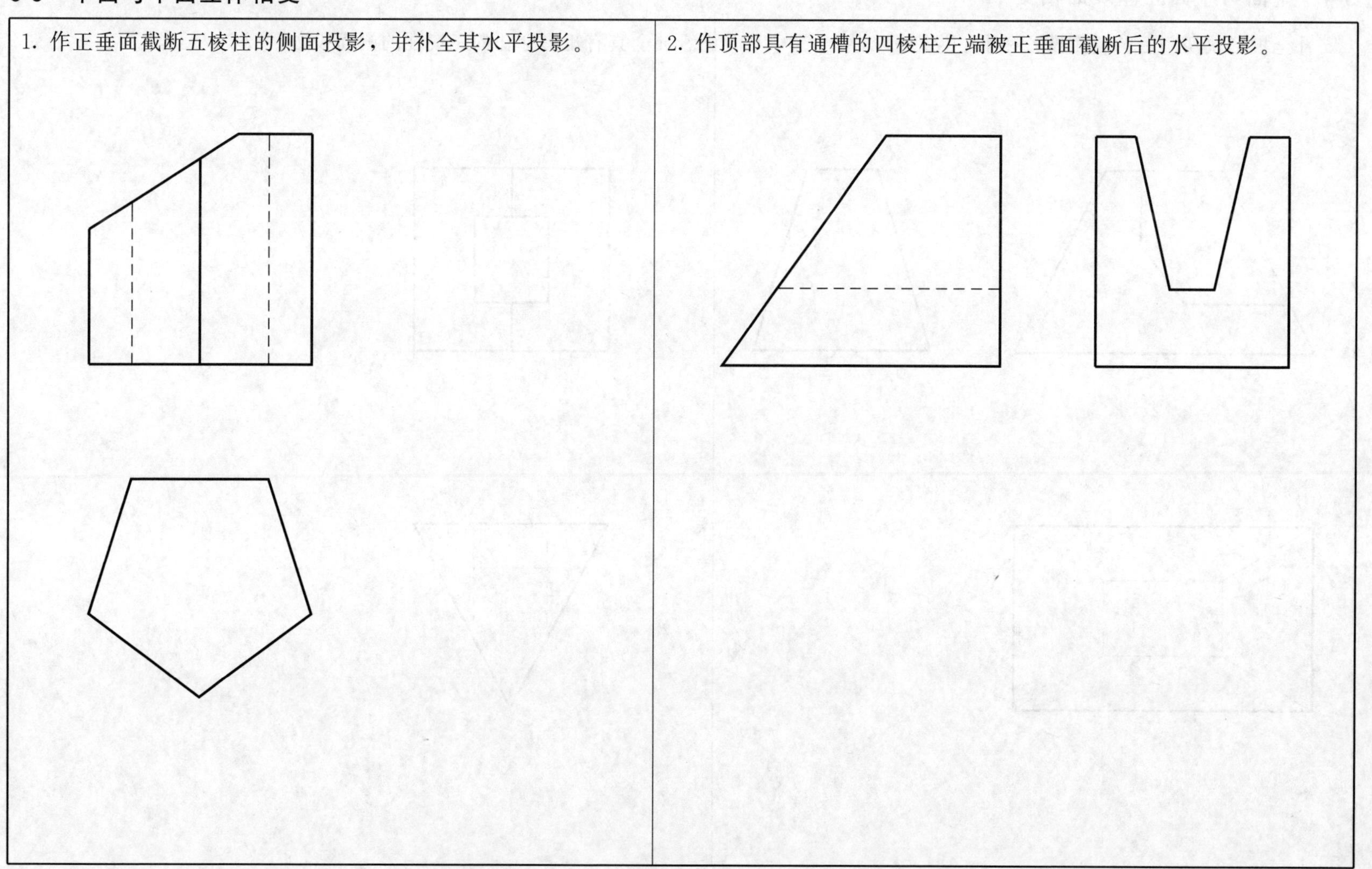

班级　　　　　　　　姓名　　　　　　　　学号

3-4　平面与平面立体表面相交

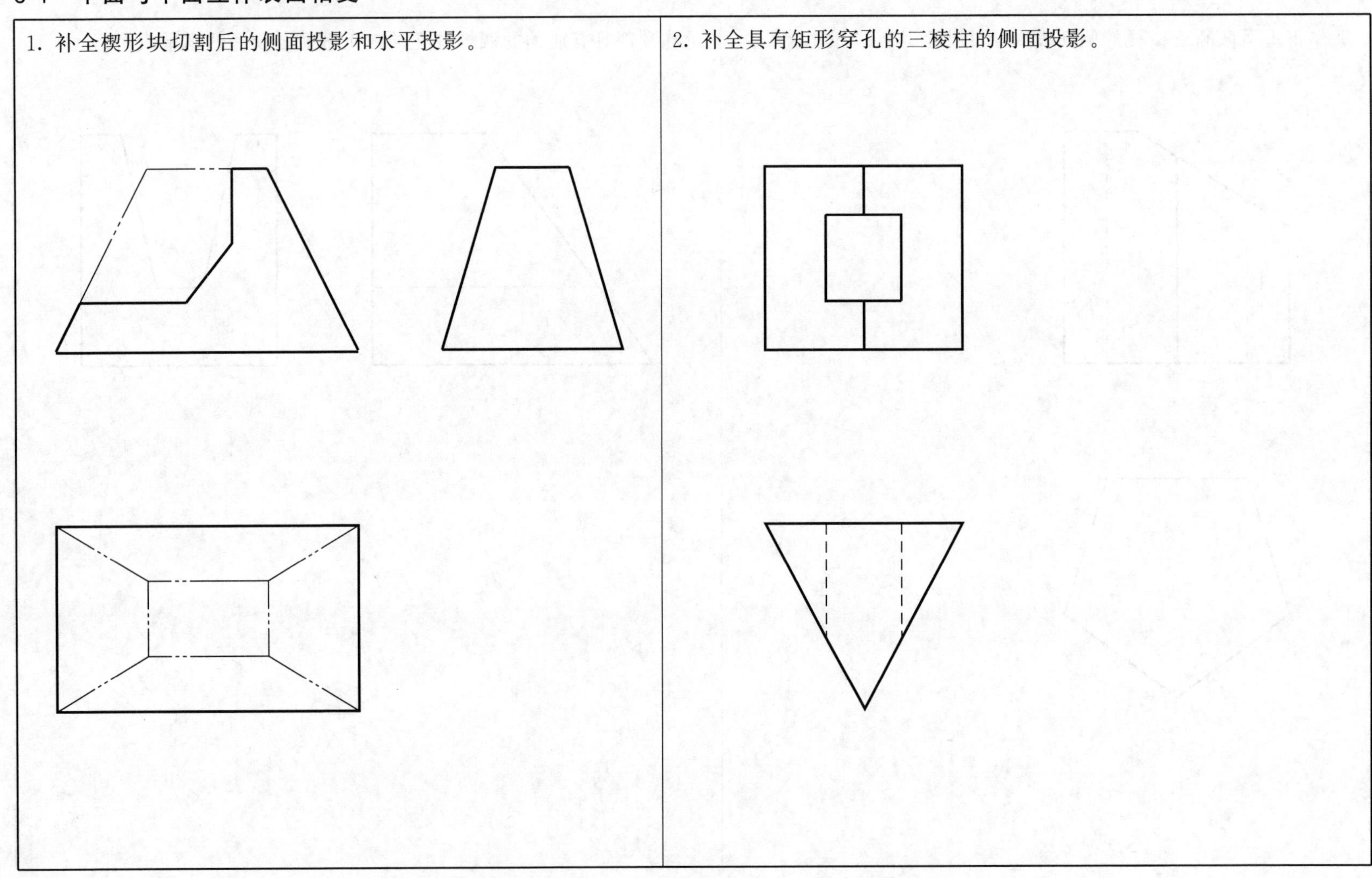

班级　　　　　　姓名　　　　　　学号

3-5 平面与回转体相交

1. 分析截交线，补全被截切圆柱体的第三面投影。

(1)　　　　(2)

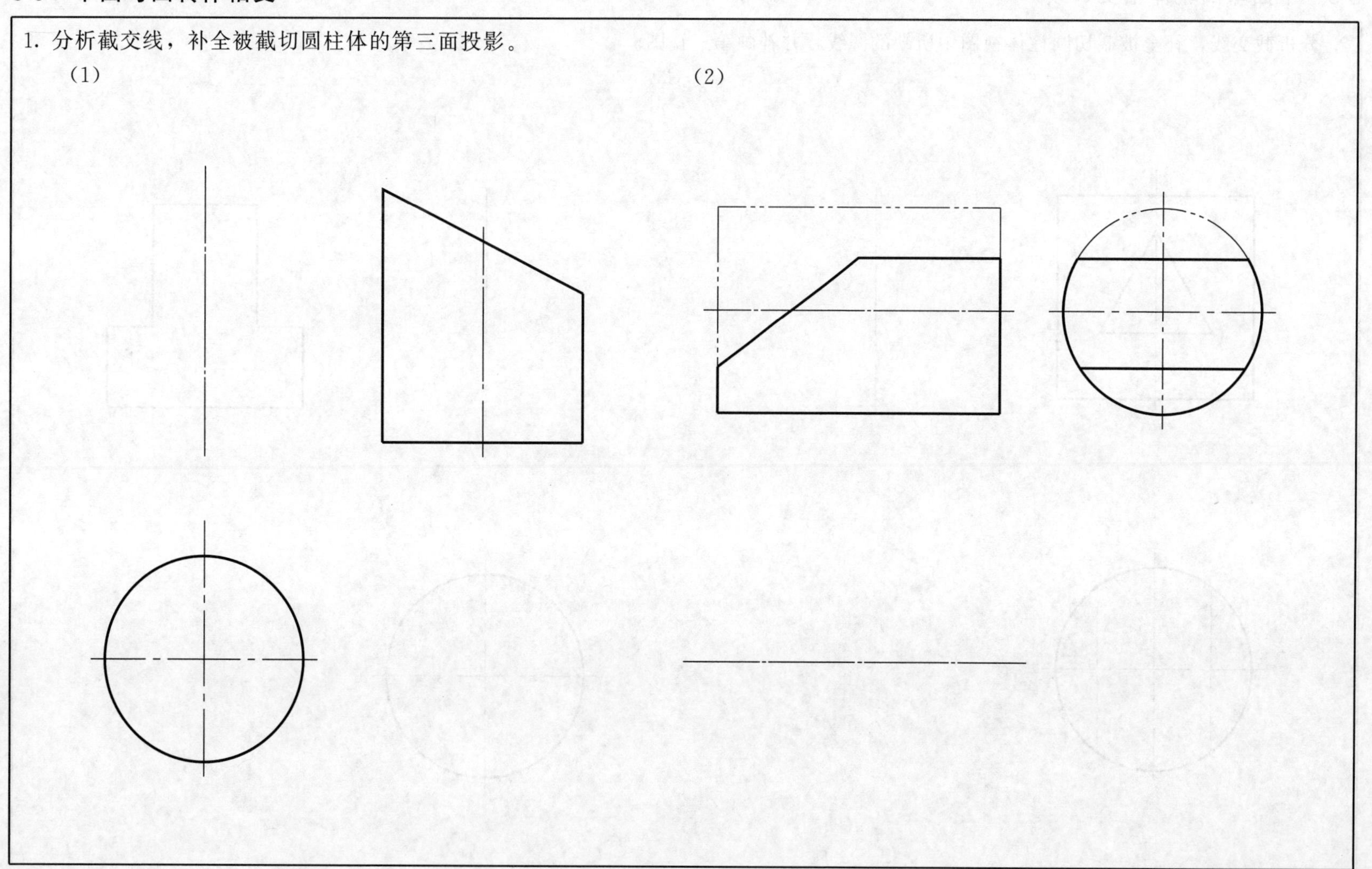

班级　　　　姓名　　　　学号

2. 分析截交线，补全被截切圆柱体视图中所缺的图线，并补画第三视图。

（1） （2）

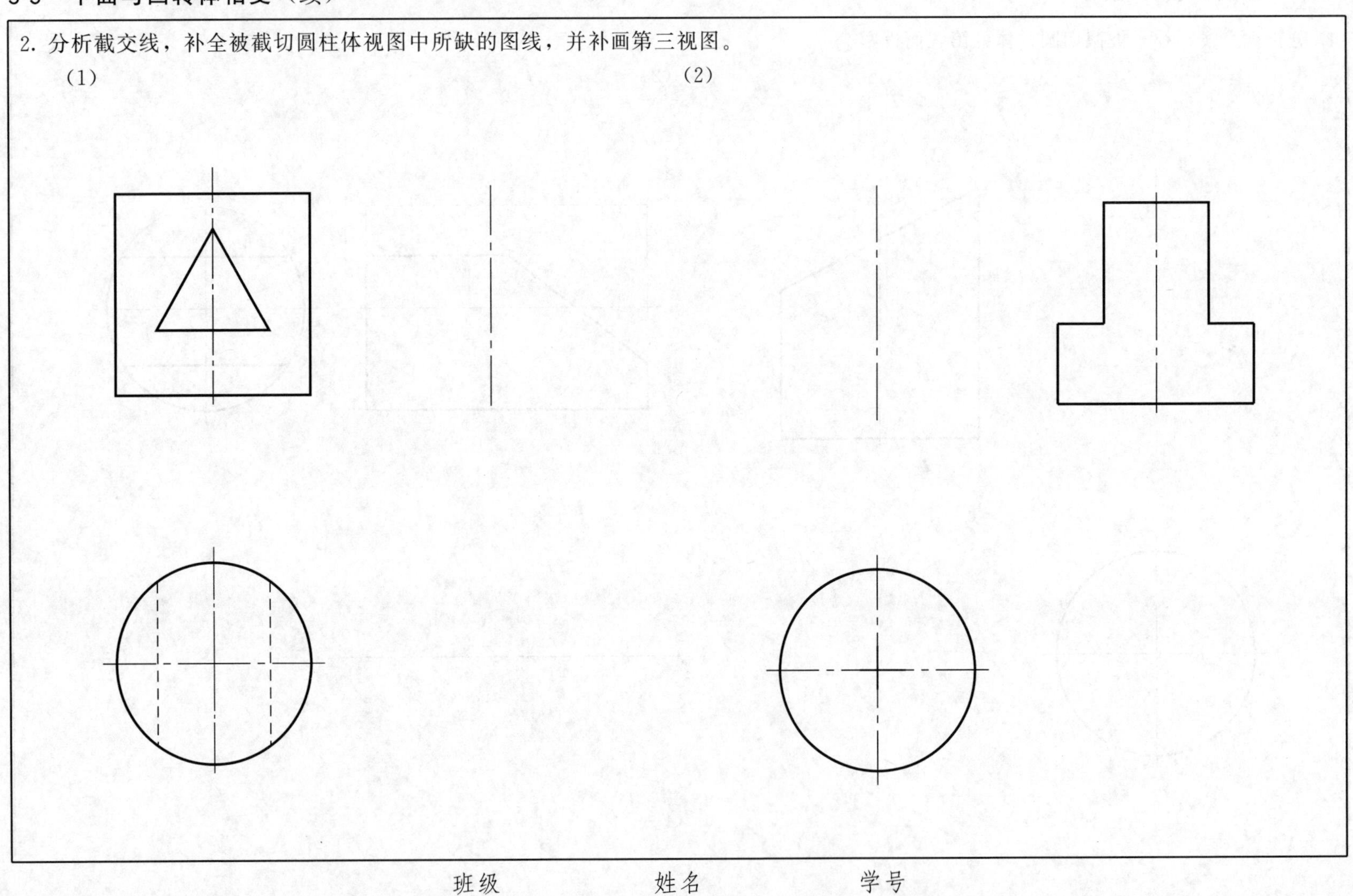

班级 姓名 学号

3. 分析截交线，补全被截切圆锥体的另二面投影。

(1)

(2)*

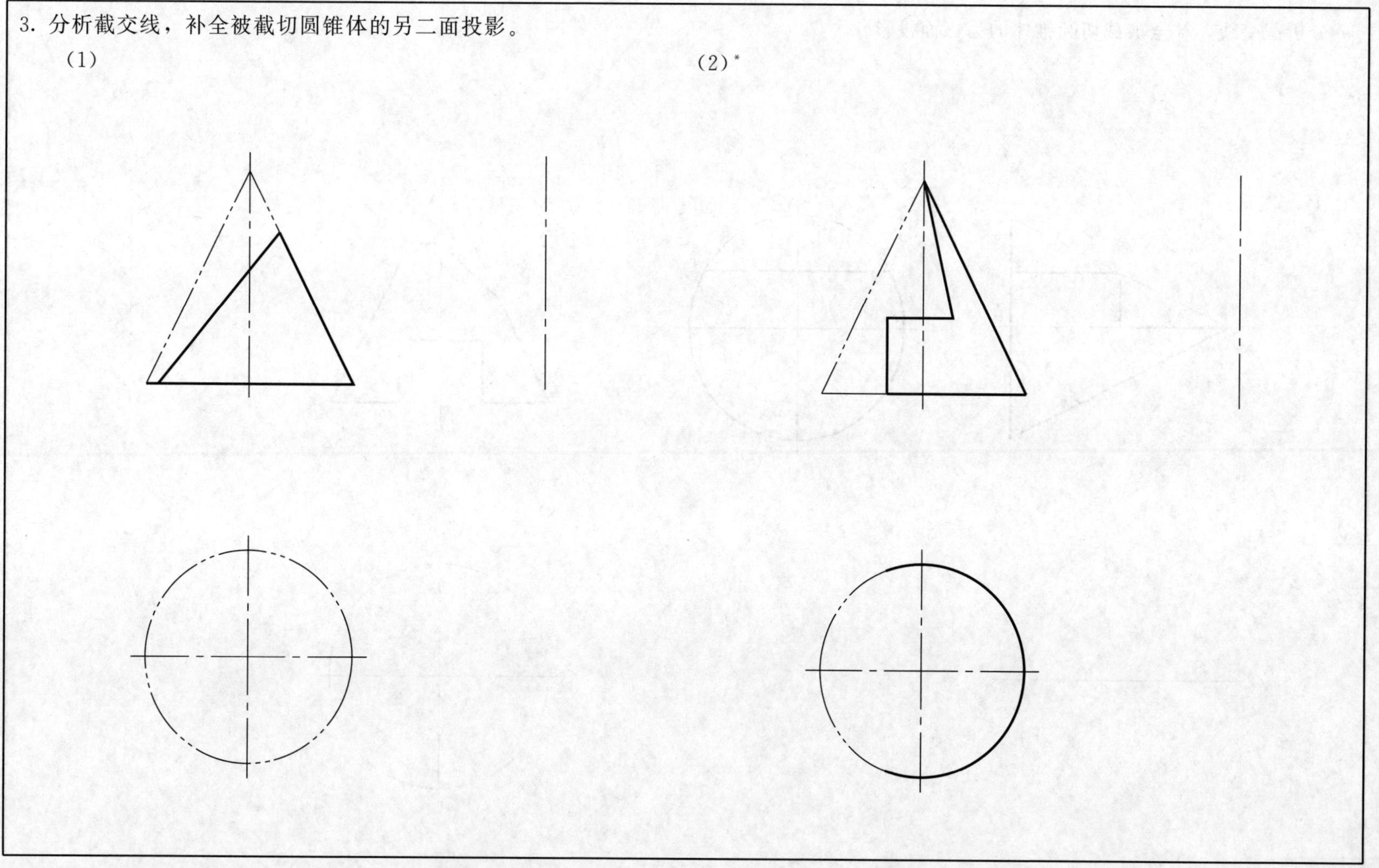

班级　　　　　　姓名　　　　　　学号

4. 分析截交线，补全被截切圆锥体的另二面投影。

（1）　　（2）*

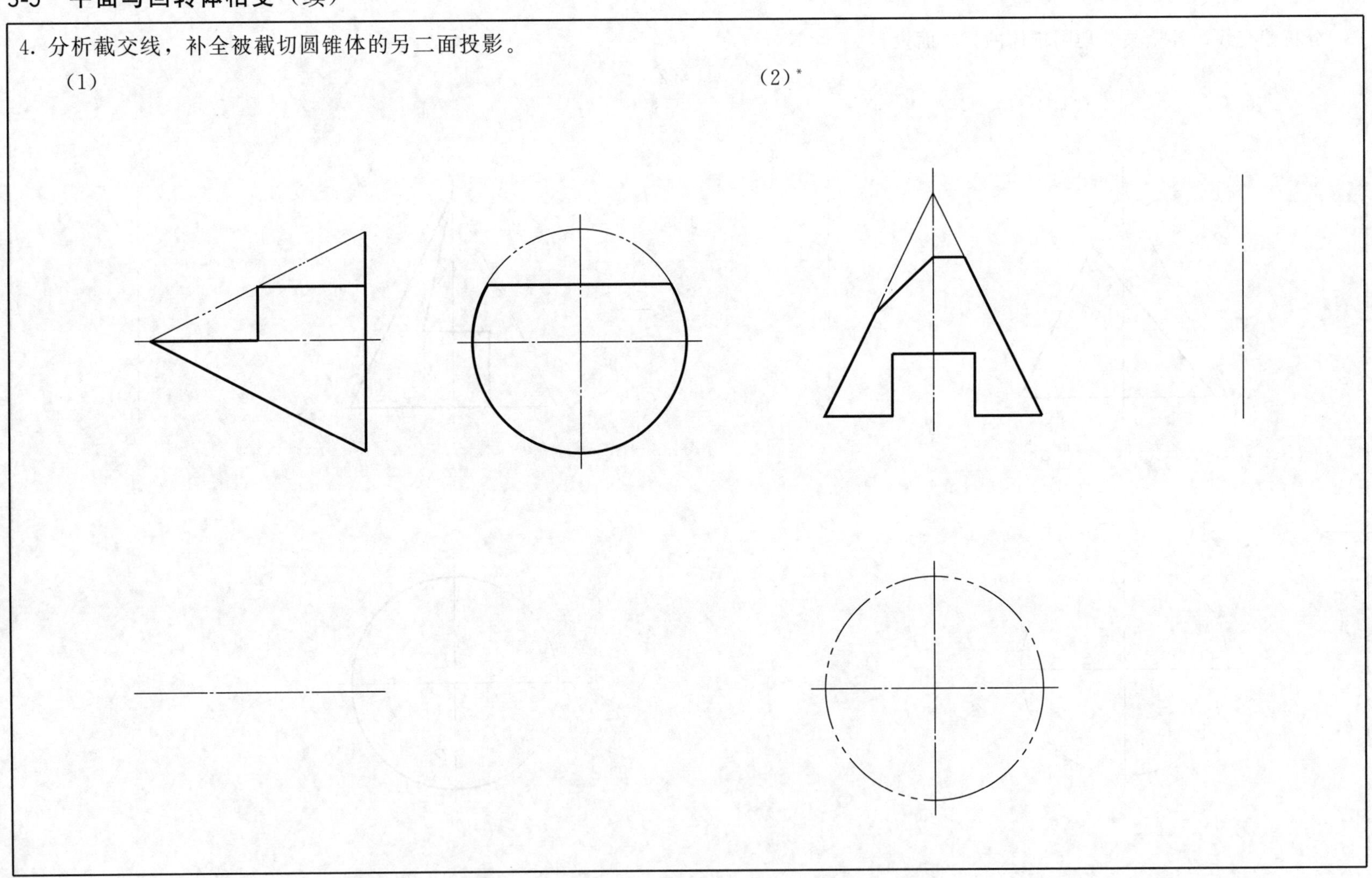

班级　　姓名　　学号

5. 分析截交线，补全被截切圆球体的另二面投影。

(1)　　　　(2)*

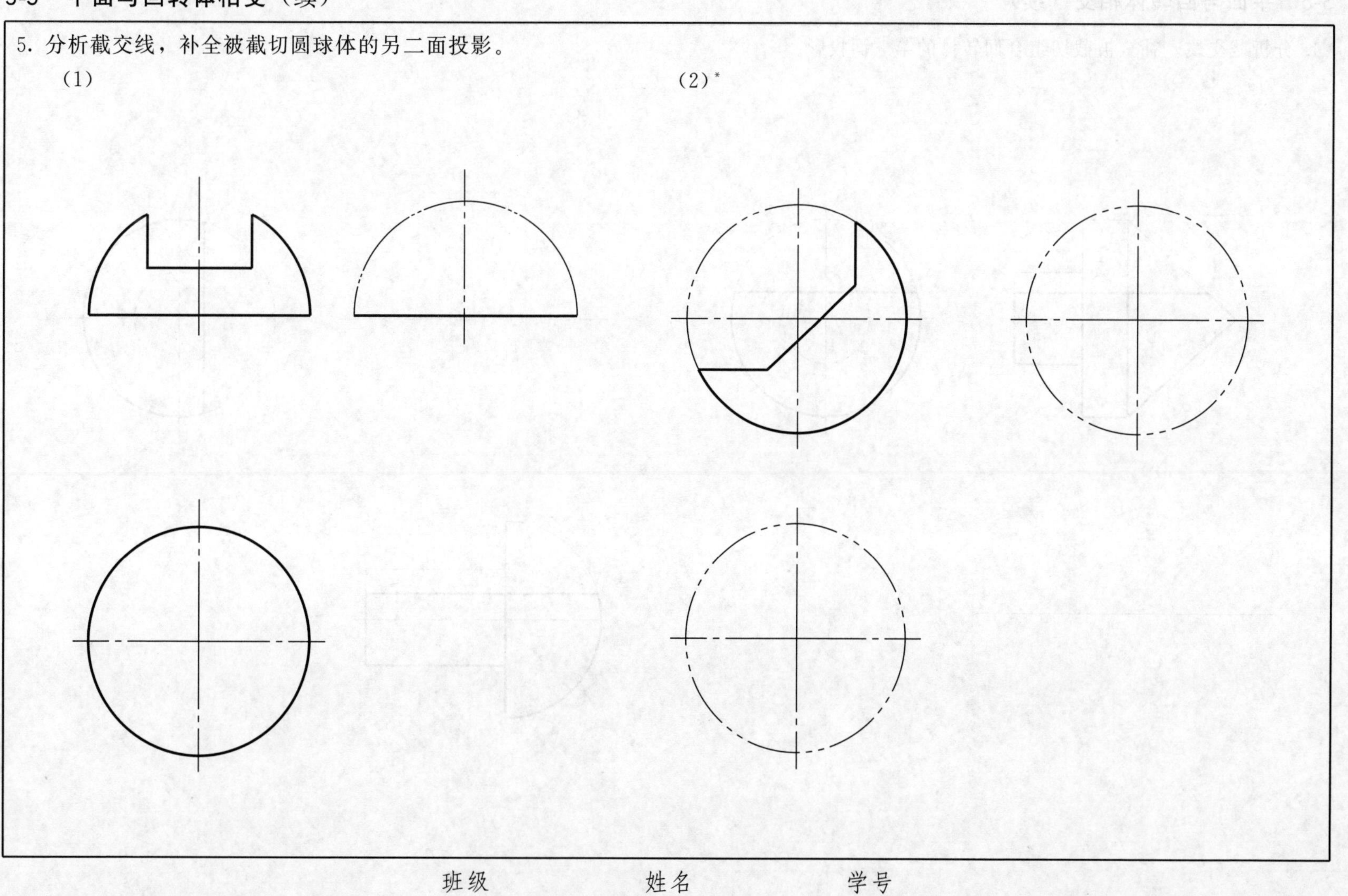

班级　　　　姓名　　　　学号

6. 分析截交线，补全被截切组合回转体的第三面投影。

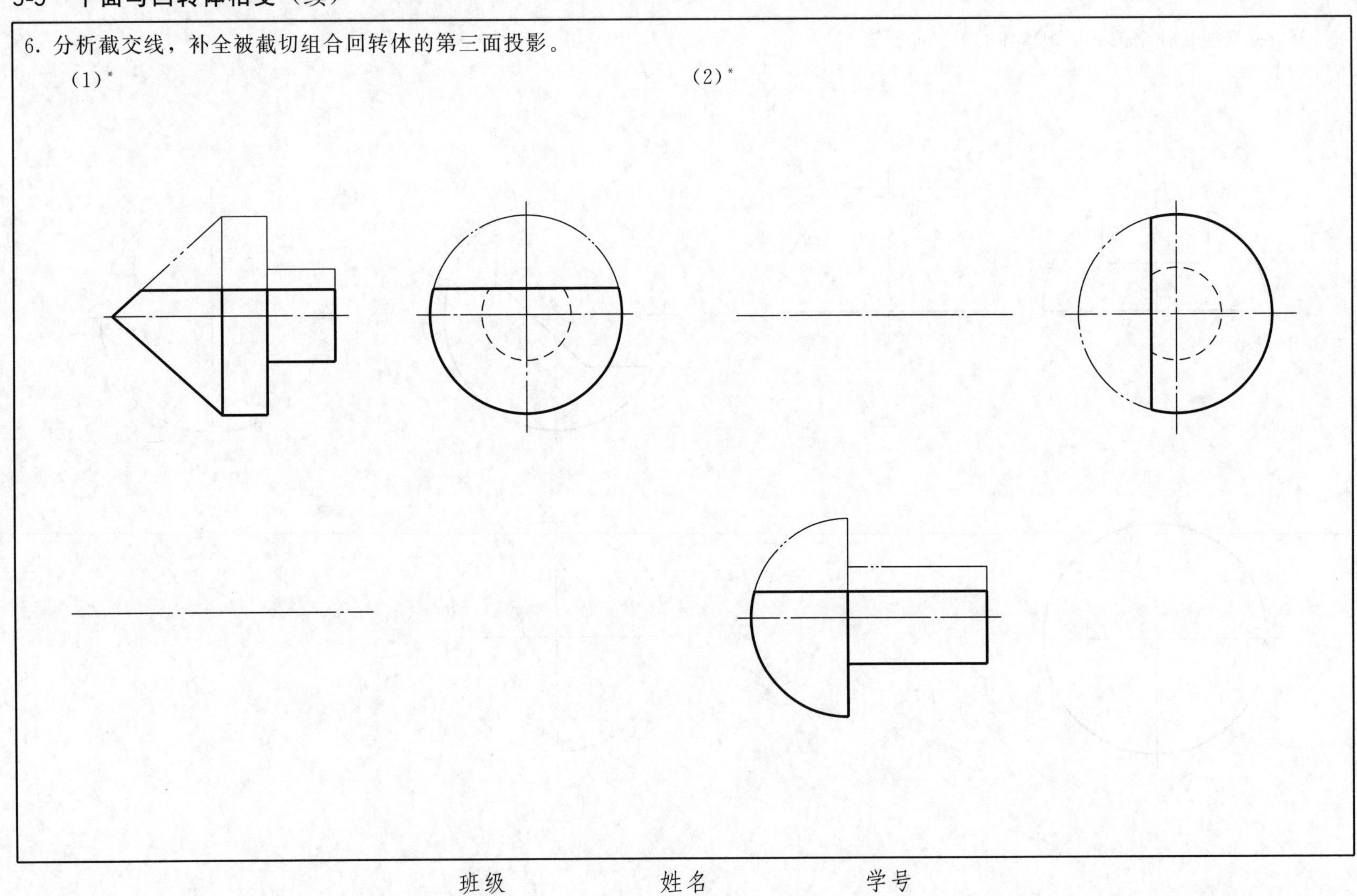

班级　　　　姓名　　　　学号

3-6　补全相贯立体的三视图

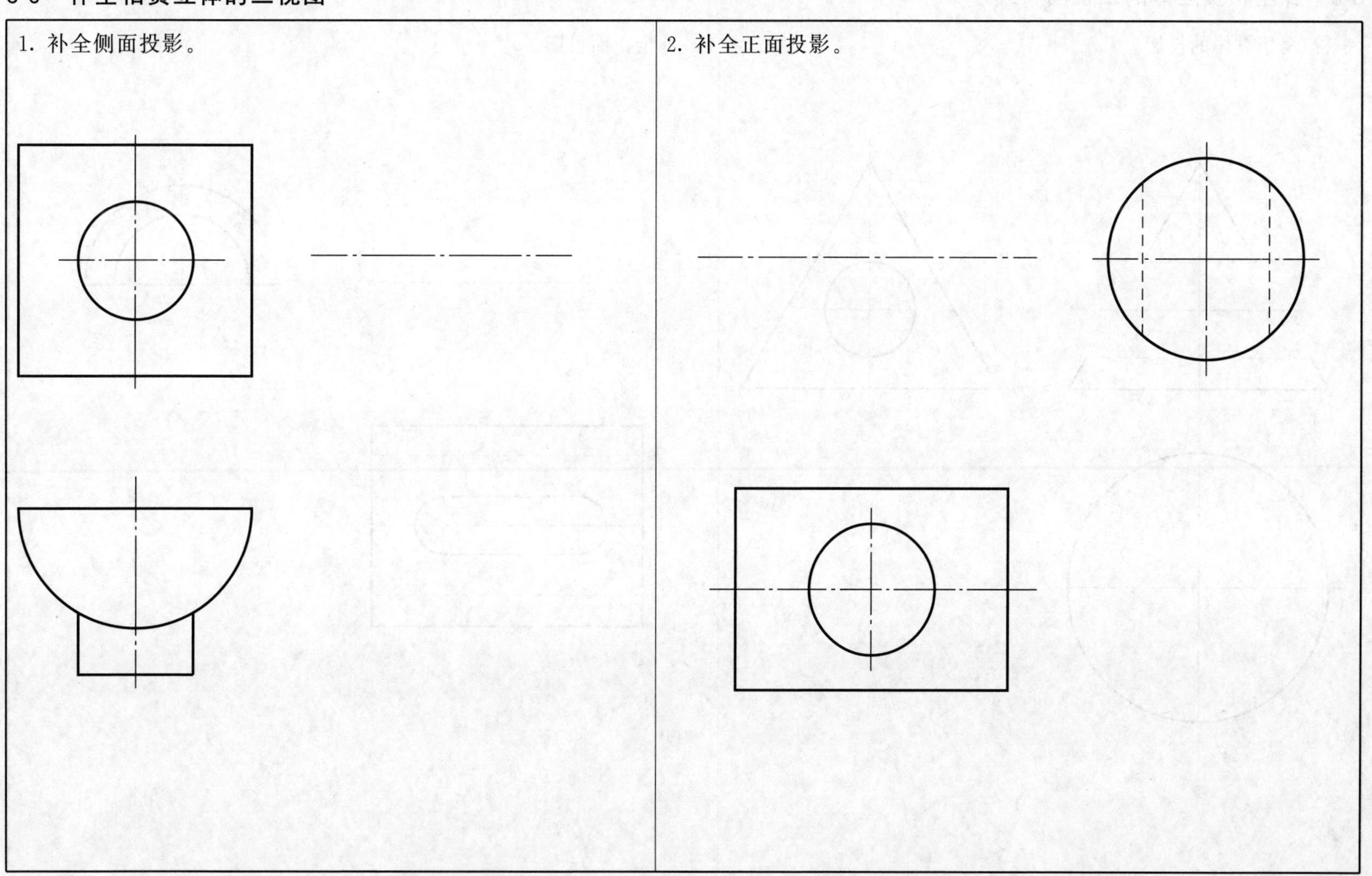

班级　　　　　姓名　　　　　学号

3. 补全相贯体的投影。

4. 补全正面投影。

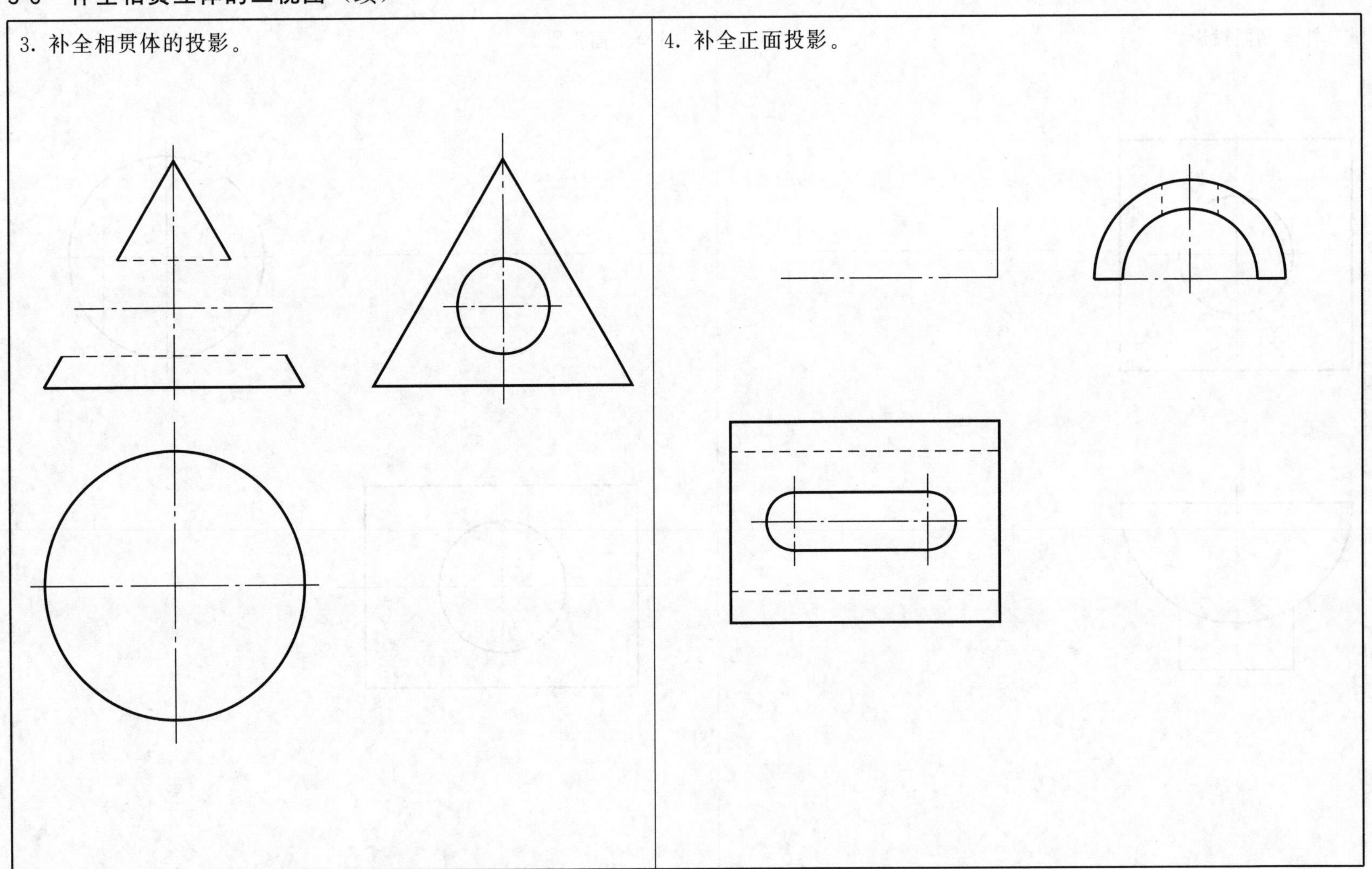

班级　　　　　　　　姓名　　　　　　　　学号

3-6　补全相贯立体的三视图（续）

5. 补全相贯体的第三面投影。

6*. 补全相贯体的另二面投影。

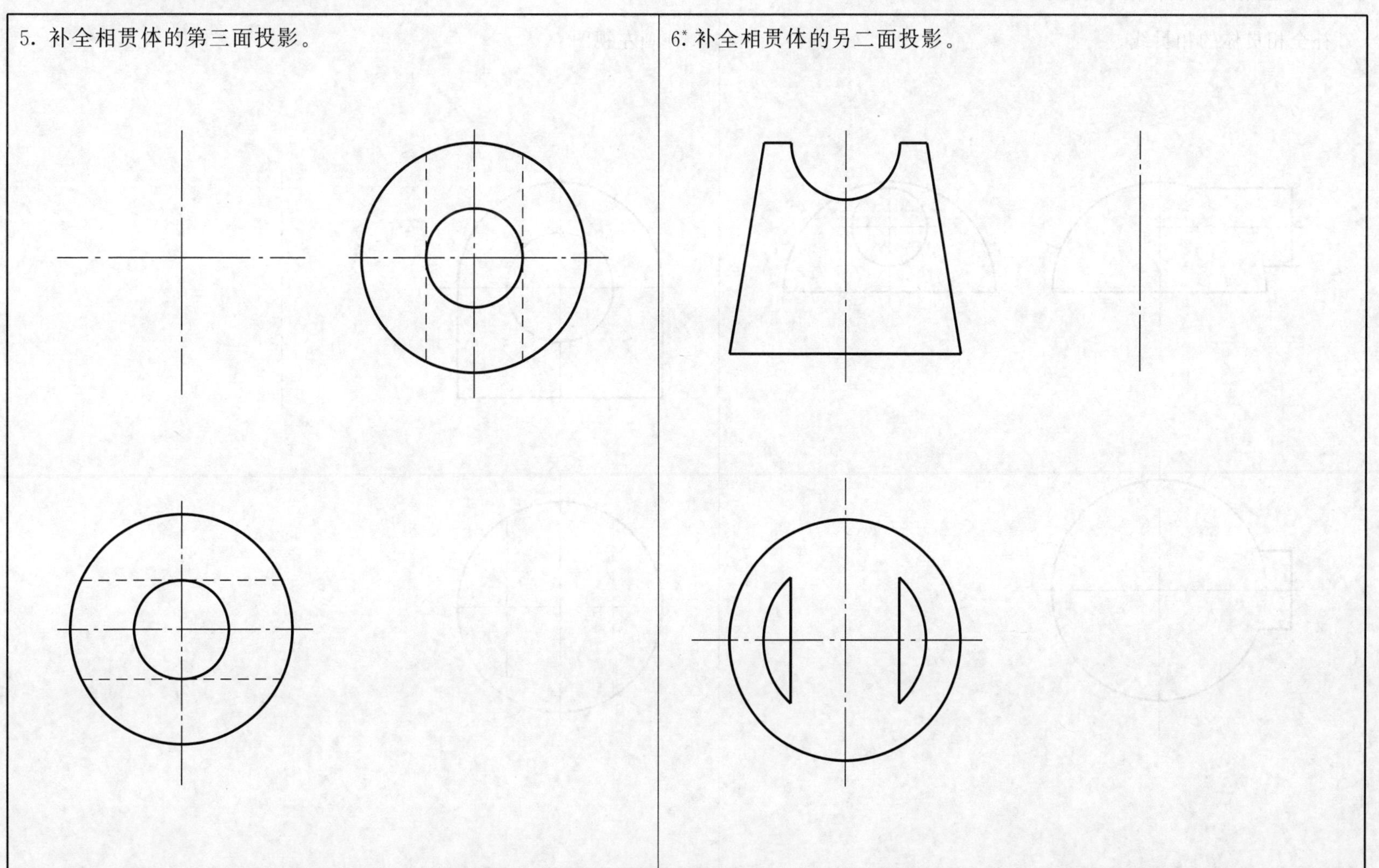

班级　　　　　　　　姓名　　　　　　　　学号

3-6 补全相贯立体的三视图（续）

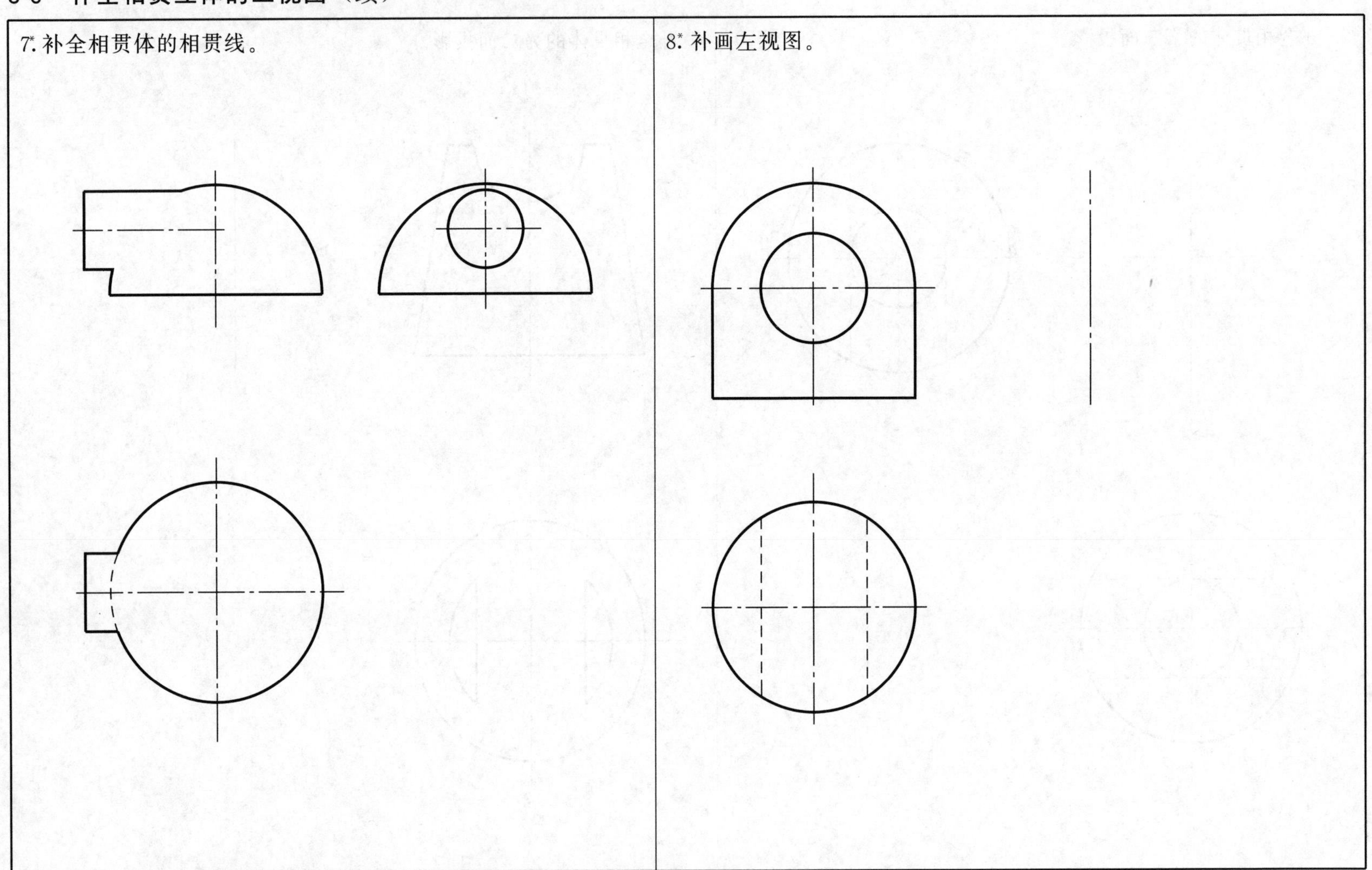

班级　　　　　　姓名　　　　　　学号

第四章　轴　测　图

4-1　由物体的视图画其正等测图

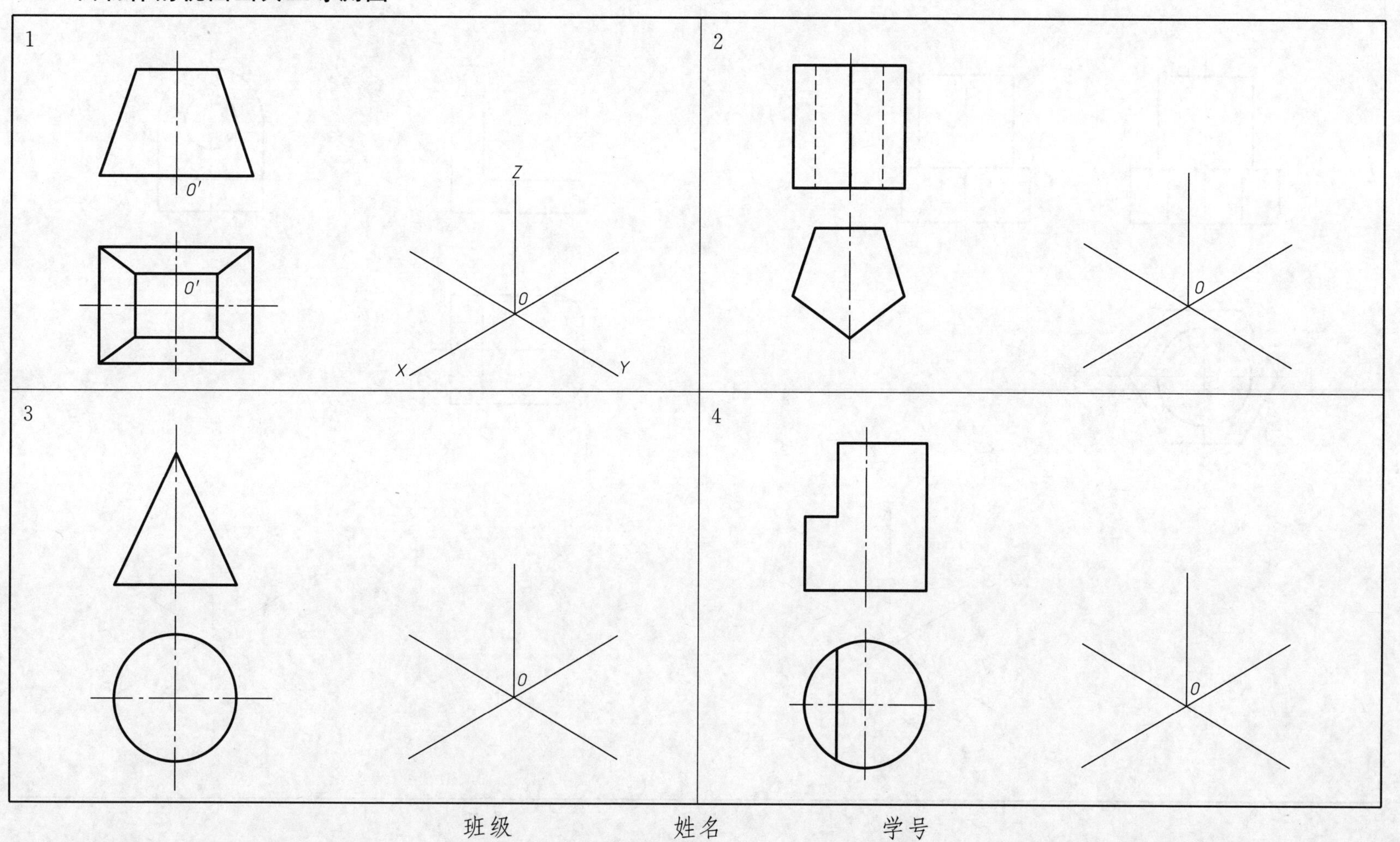

班级　　　　姓名　　　　学号

4-1 由物体的视图画其正等测图（续）

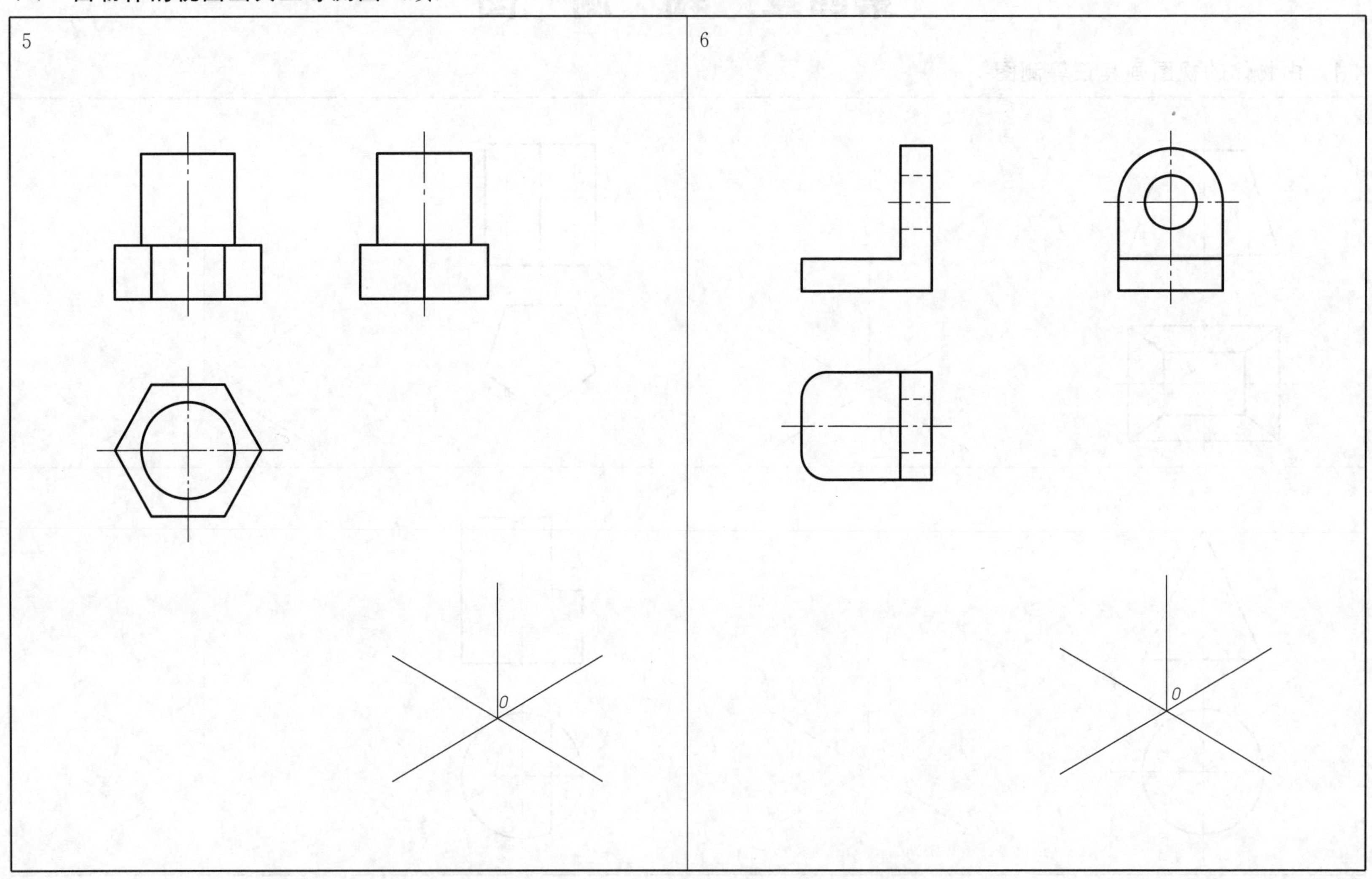

班级　　姓名　　学号

4-1 由物体的视图画其正等测图（续）

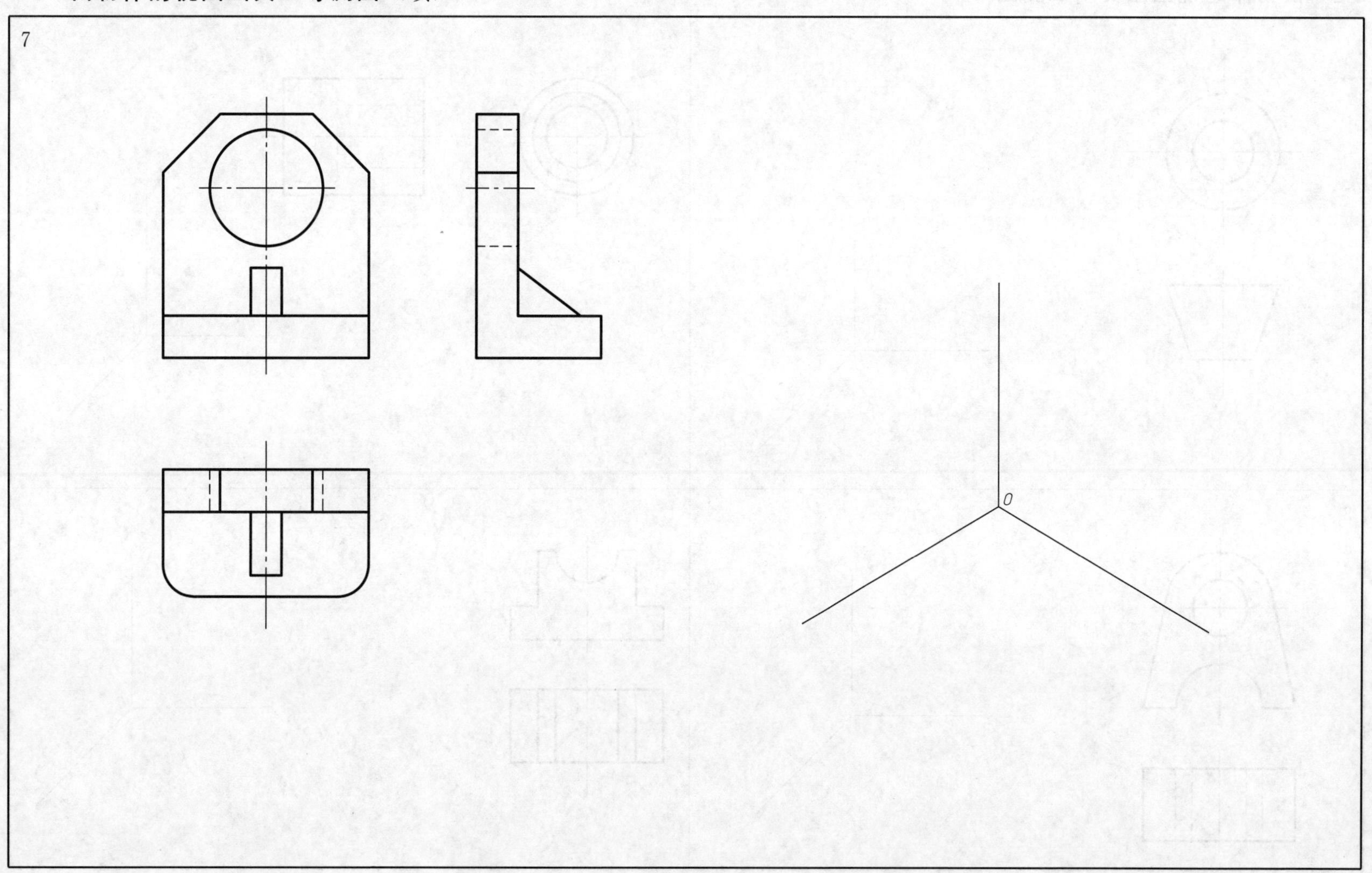

班级　　　　姓名　　　　学号

4-2　由物体的视图画其斜二测图

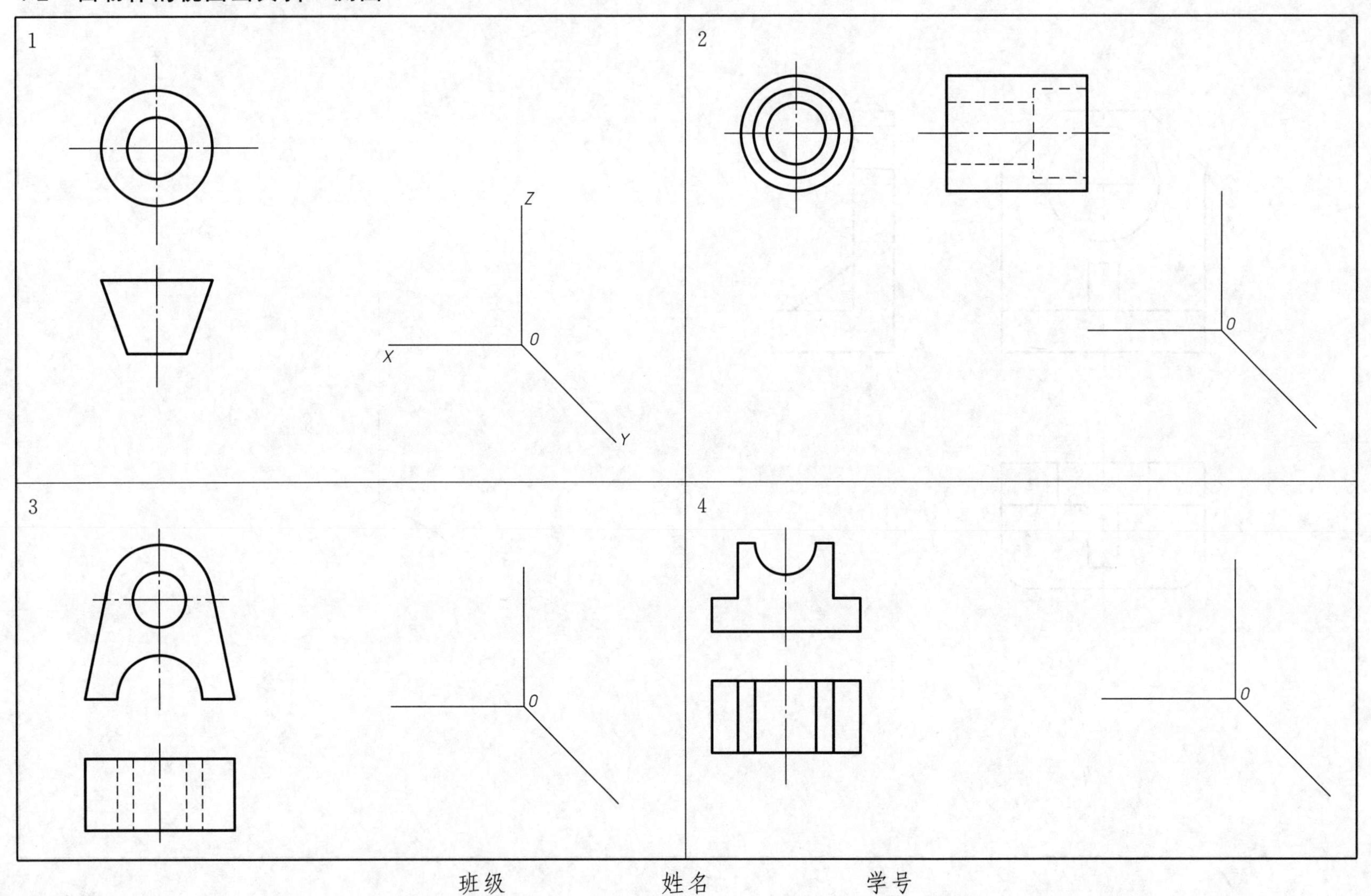

班级　　　　　　姓名　　　　　　学号

4-2 由物体的视图画其斜二测图（续）

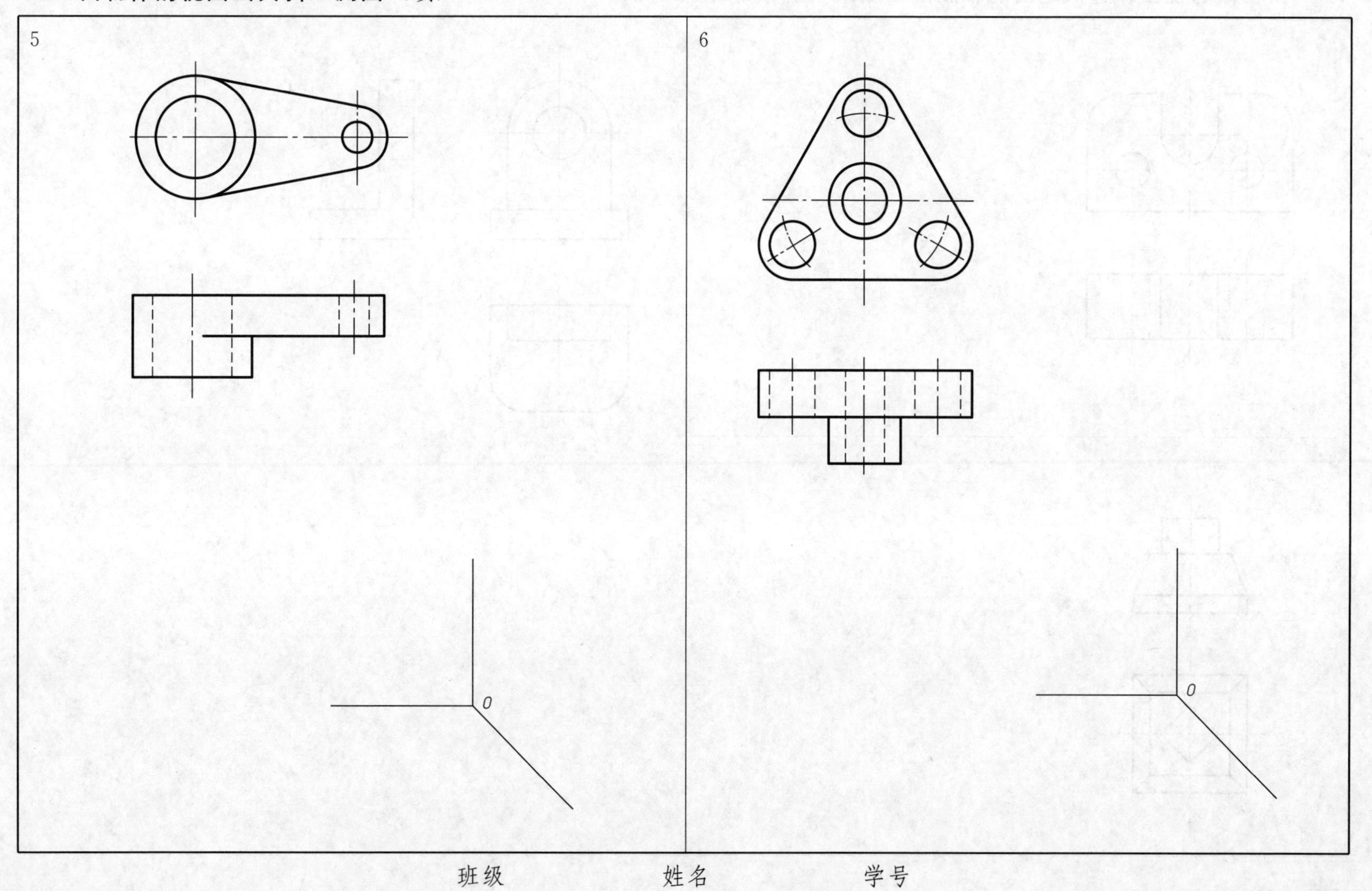

班级　　　　　　　　姓名　　　　　　　　学号

4-3　由物体的视图，选择适当的轴测图画出来（正等测或斜二测）

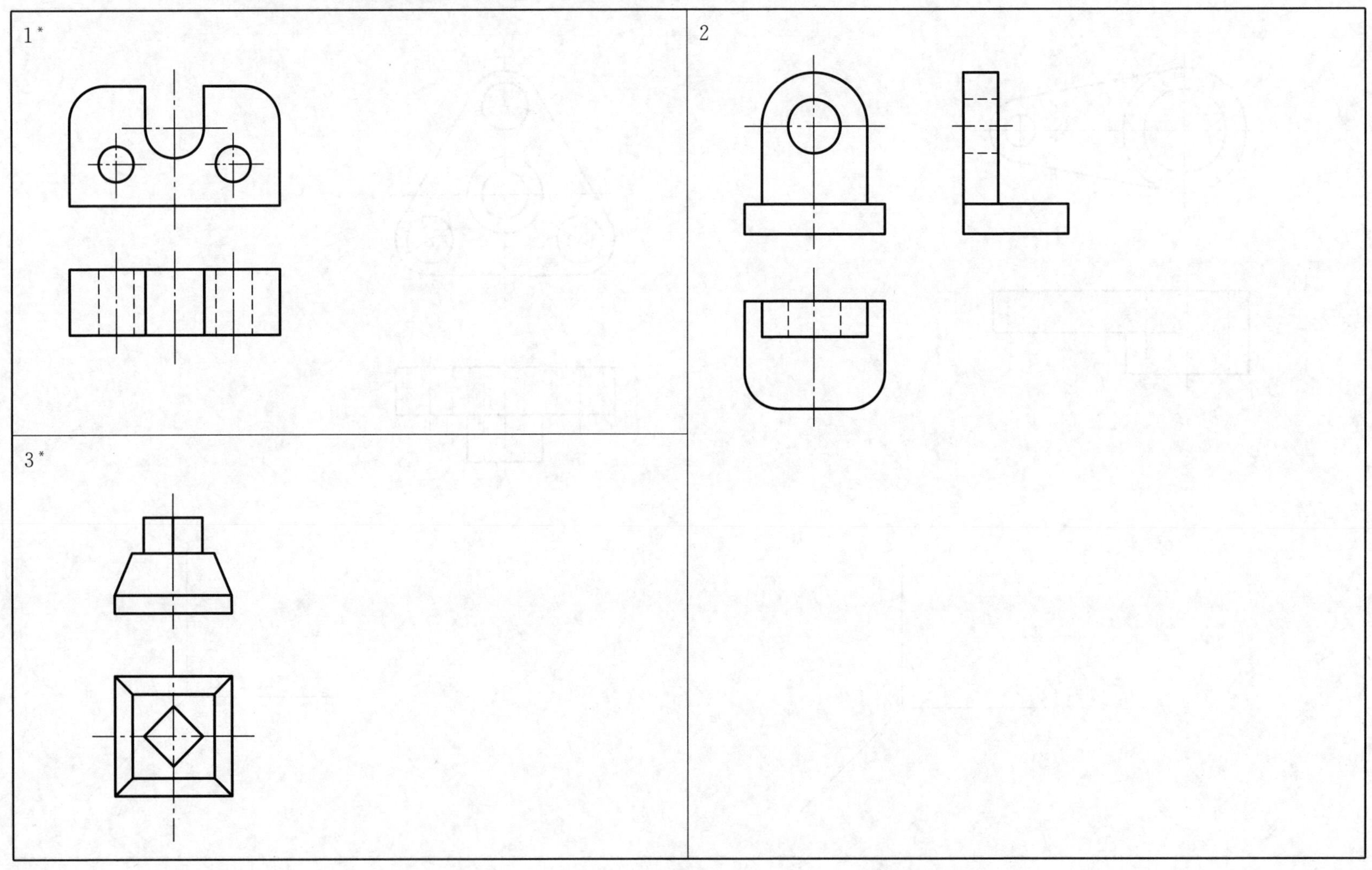

班级　　　　　姓名　　　　　学号

第五章 组 合 体

5-1 补画下列组合体表面的交线（均为通孔或通槽）

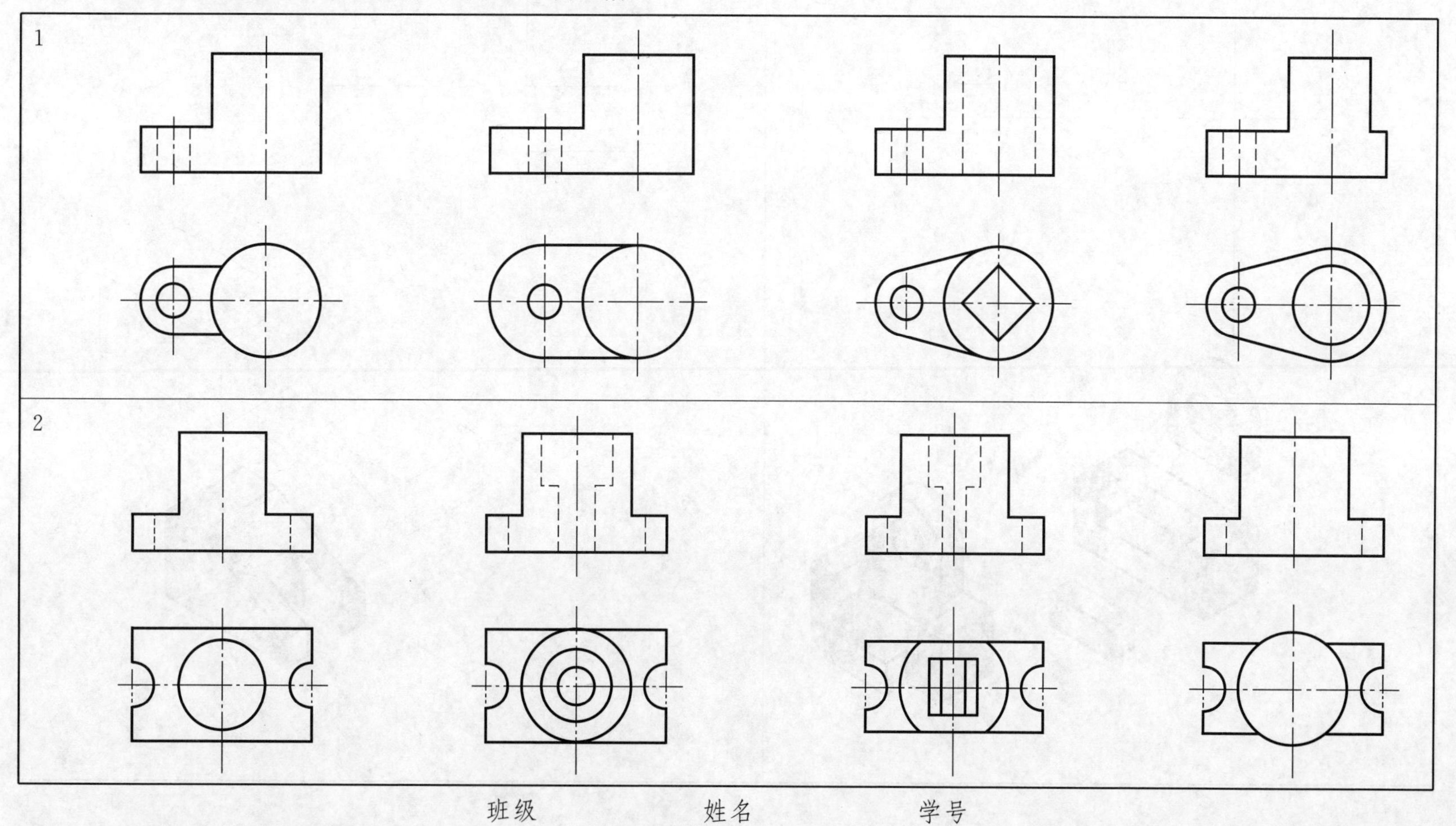

班级 姓名 学号

5-2　运用形体分析法画组合体的三视图（尺寸按1∶1从轴测图中量取）

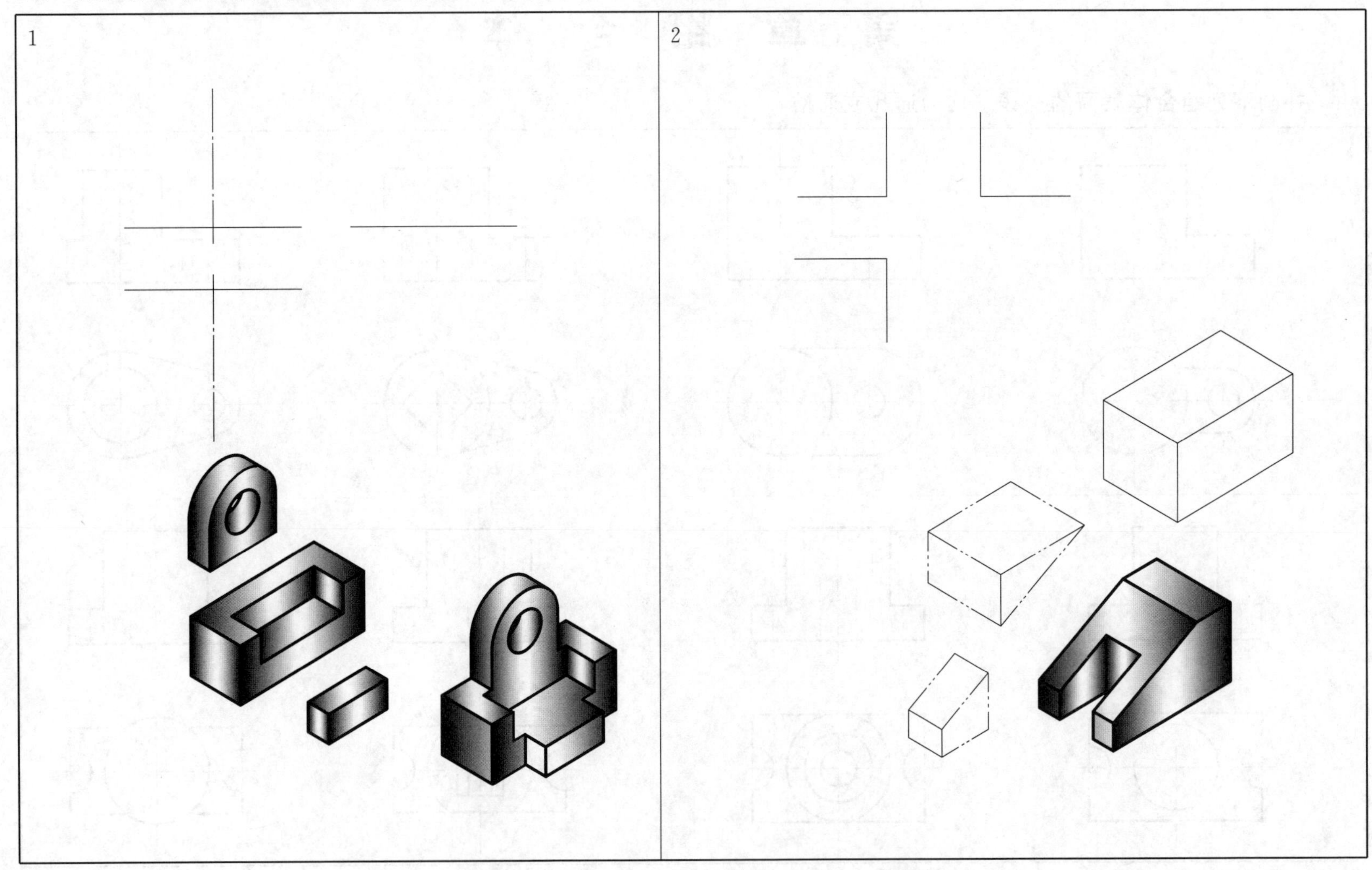

班级　　　　　　　　姓名　　　　　　　　学号

5-3　由轴测图画组合体的三视图（按比例 1∶1绘制）

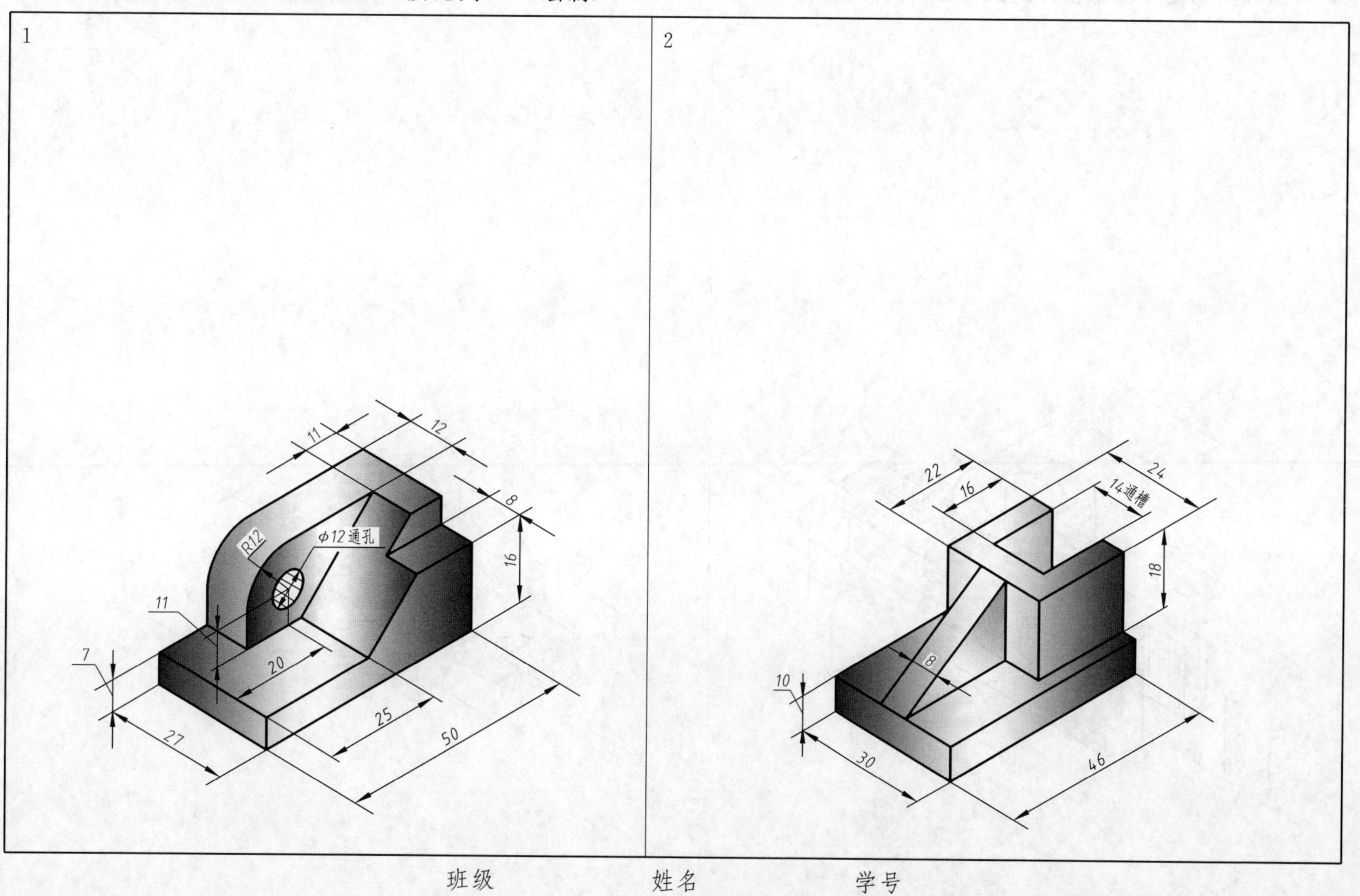

班级　　　　　　姓名　　　　　　学号

5-4　由轴测图徒手画组合体的三视图（目测比例）

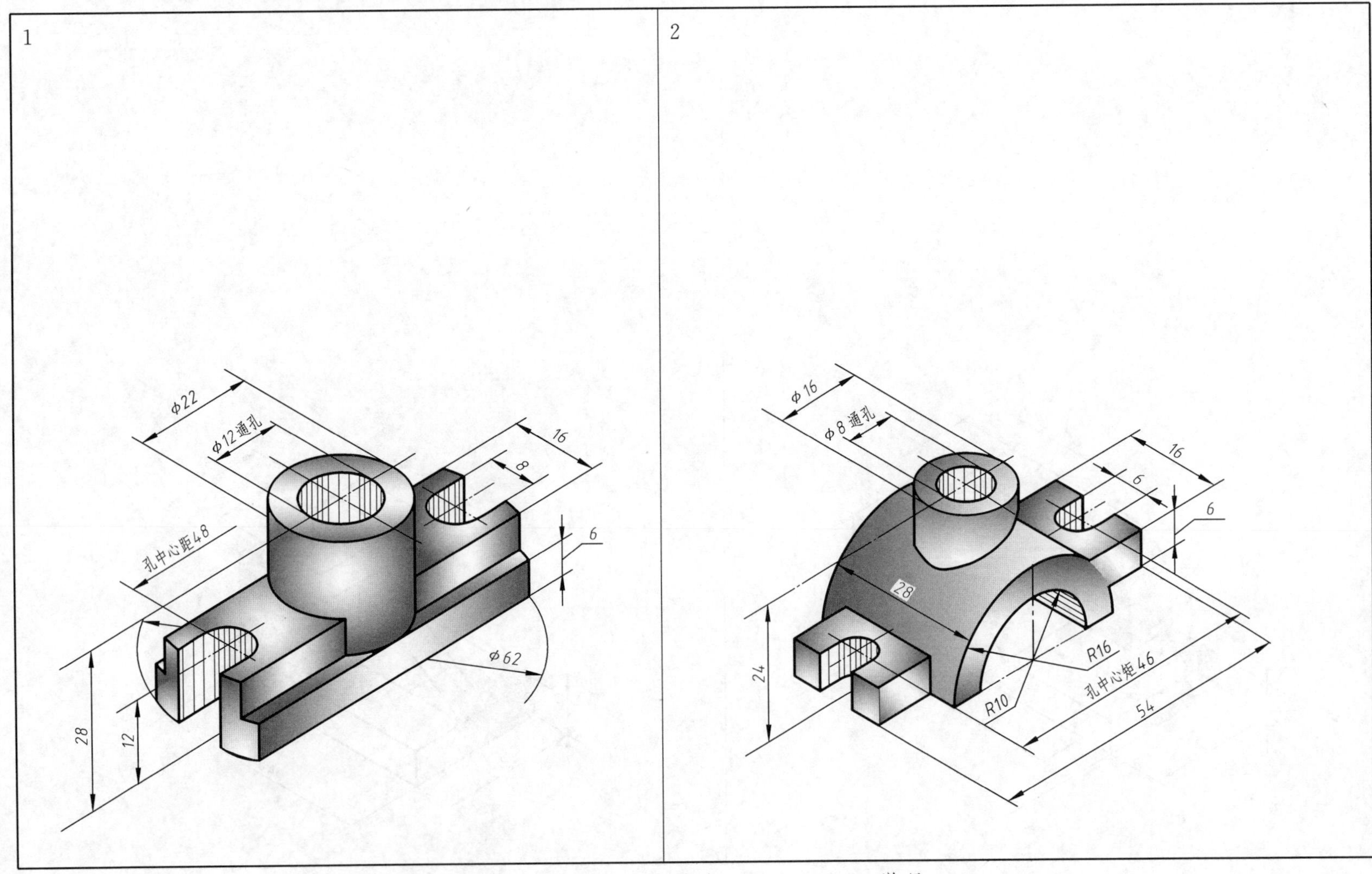

班级　　　　　　　姓名　　　　　　　学号

5-4　由轴测图徒手画组合体的三视图（目测比例）（续）

3

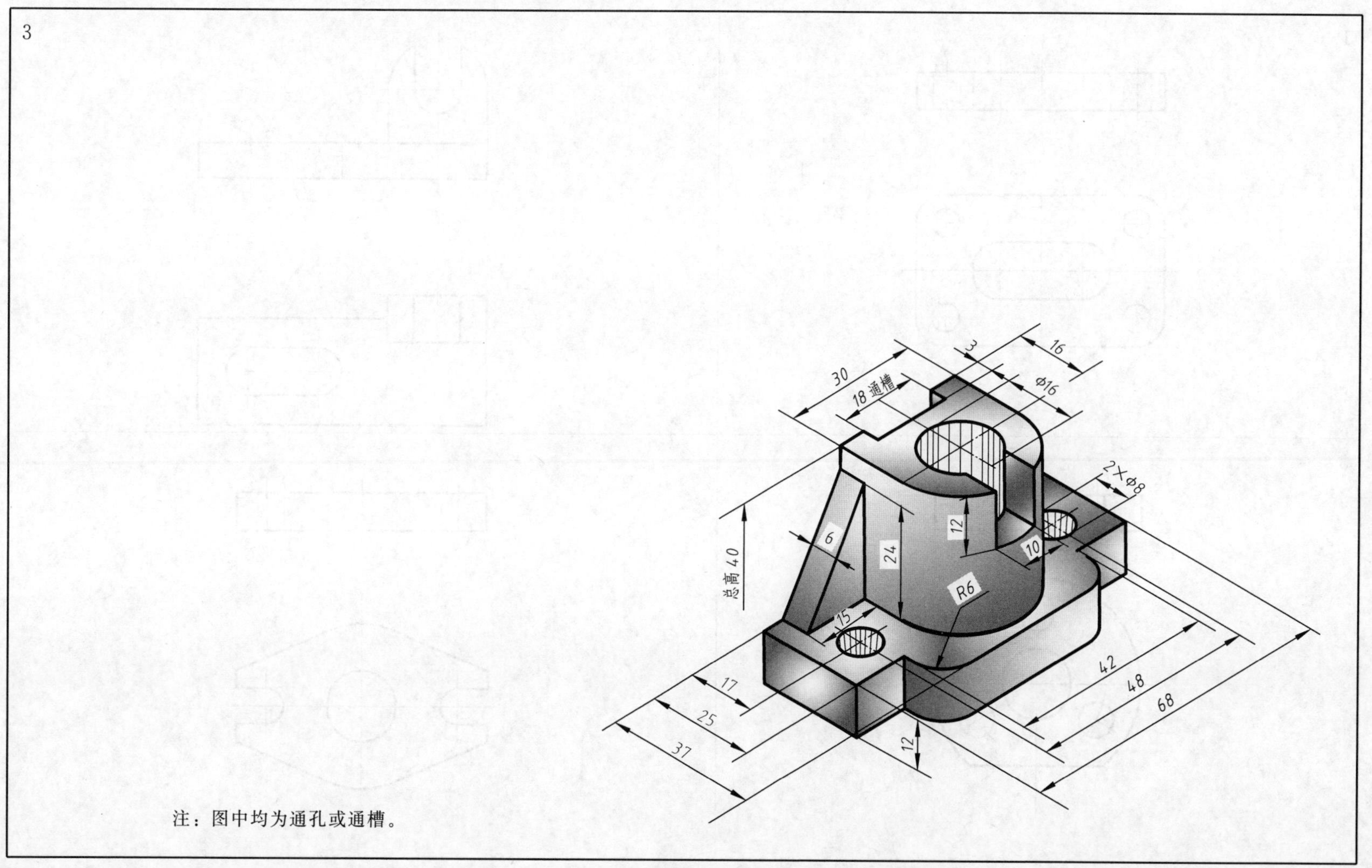

注：图中均为通孔或通槽。

班级　　　　姓名　　　　学号

5-5　标注下列组合体的尺寸（按1∶1从图中量取）

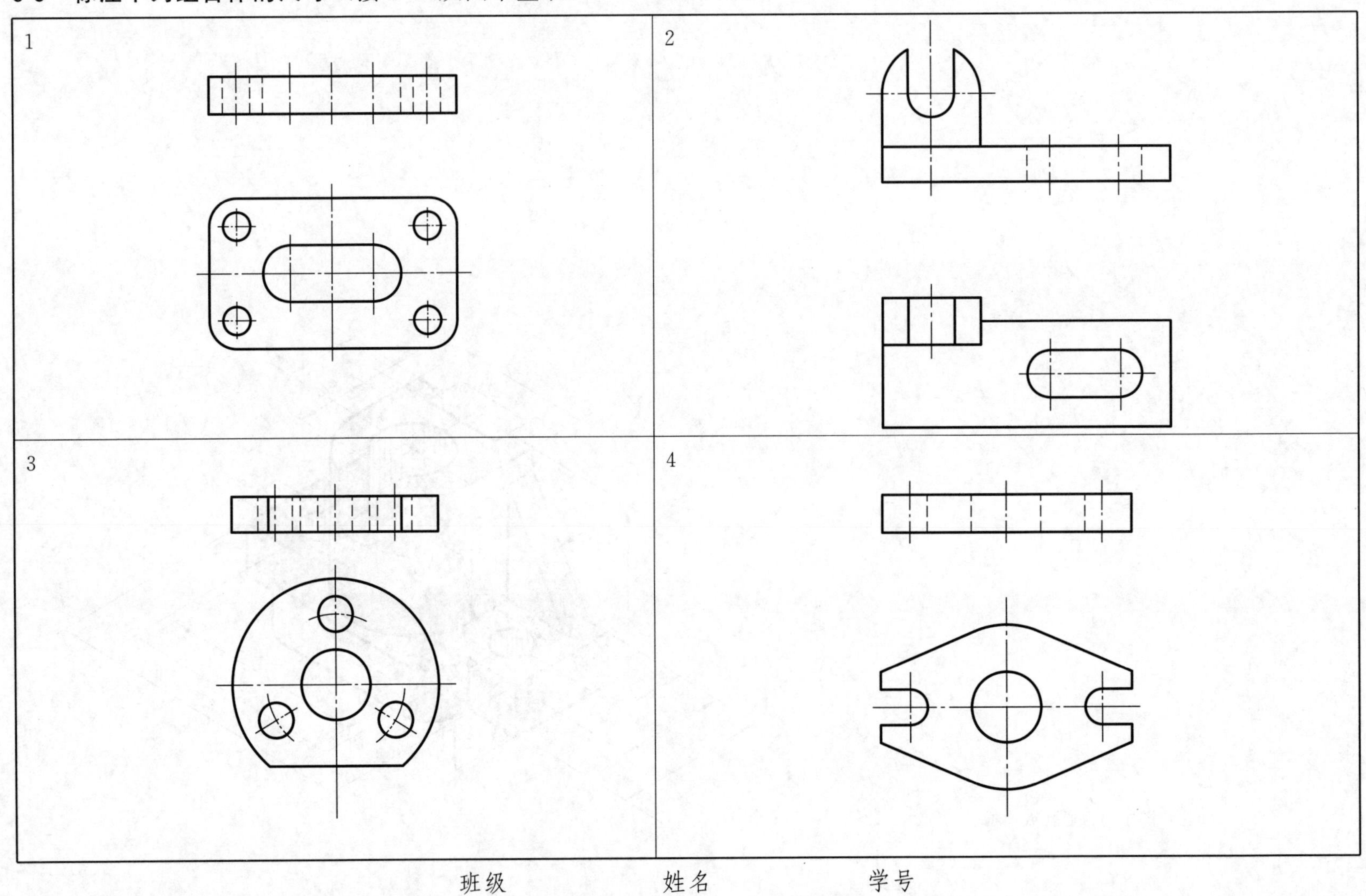

班级　　　　　　　　姓名　　　　　　　　学号

5-6 标注组合体尺寸

1. 用如图所示符号标出宽度、高度方向的尺寸基准，并补注出定位尺寸。

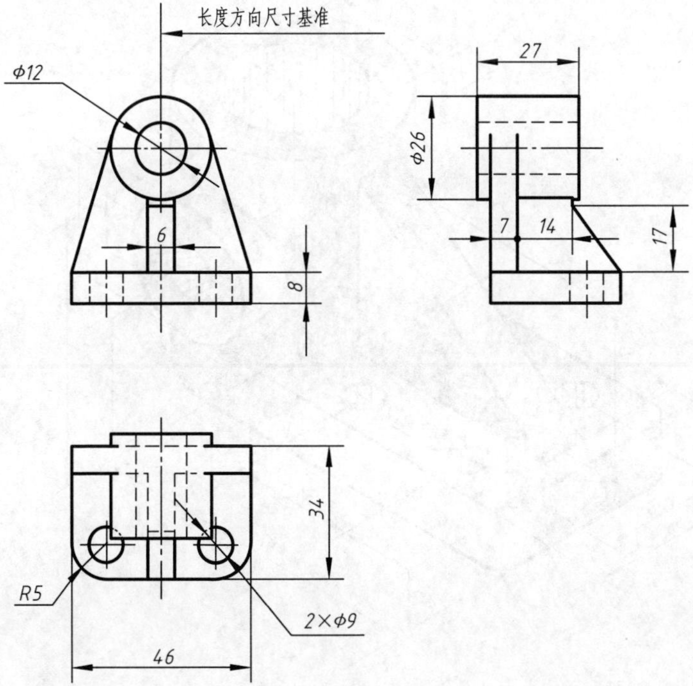

长度方向尺寸基准

Φ12

6

8

27

Φ26

7 14

17

34

R5

2×Φ9

46

2. 标注如下组合体尺寸（尺寸按1∶1从图中量取）。

（1）

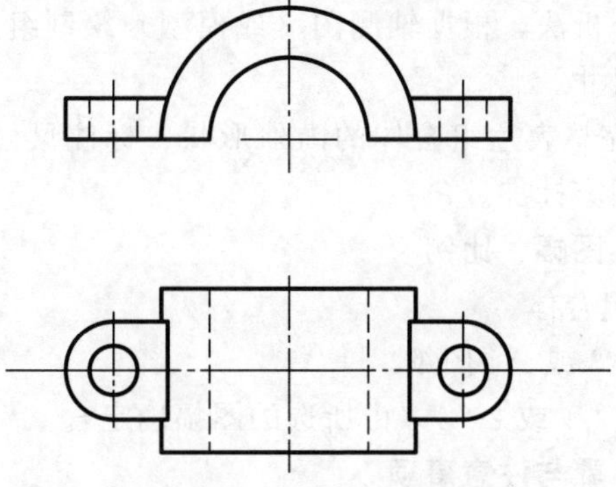

（2）

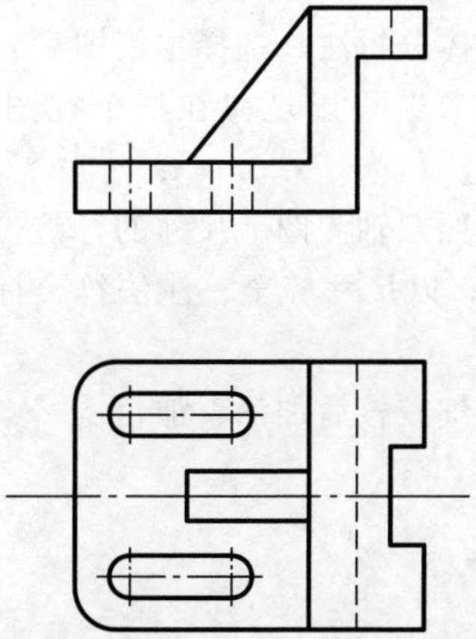

班级　　　　　　姓名　　　　　　学号

5-7 制图作业：组合体三视图作业

一、目的、内容与要求

1. 目的、内容：进一步理解与巩固形体与视图的对应关系，运用形体分析法，根据轴测图（或模型）绘制组合体的三视图，并标注尺寸。

2. 要求：完整表达组合体的内外形状、标注尺寸要完整、清晰，并符合国家标准。

二、图名、图幅、比例

1. 图名：组合体。

2. 图幅：A3 或 A4 图纸。

3. 比例：1∶1 或 2∶1（由所选的图幅确定）。

三、绘图步骤与注意事项

1. 图形布置要匀称，画出作图基准线，确定三个视图的具体位置。

2. 要正确运用形体分析法，选择主视图后，一部分一部分的画，按视图的“三等”投影规律在三个视图上画出同步底稿，以提高绘图速度。

3. 标注尺寸不要照搬轴测图上尺寸的标注位置，应重新考虑视图上的尺寸布置，以尺寸齐全、注法符合标准、配置适当为原则。

4. 完成底稿，仔细校核后加深、加粗。

1

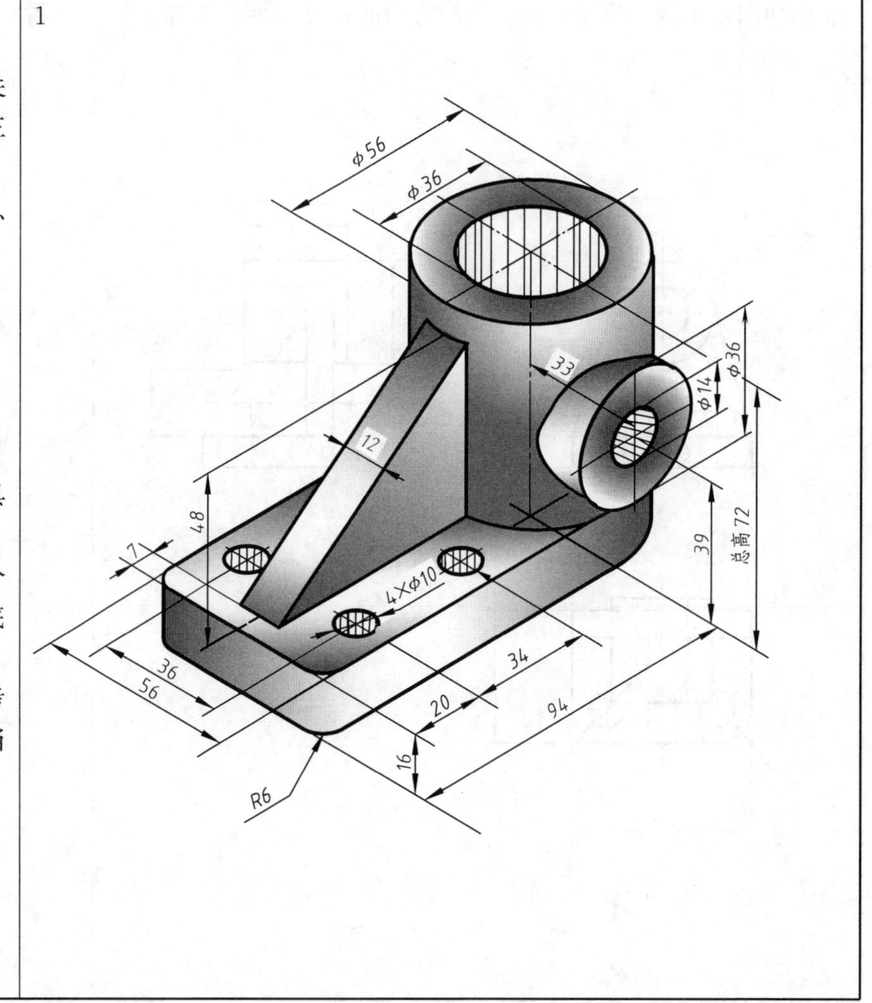

班级 姓名 学号

5-7 制图作业：组合体三视图作业（续）

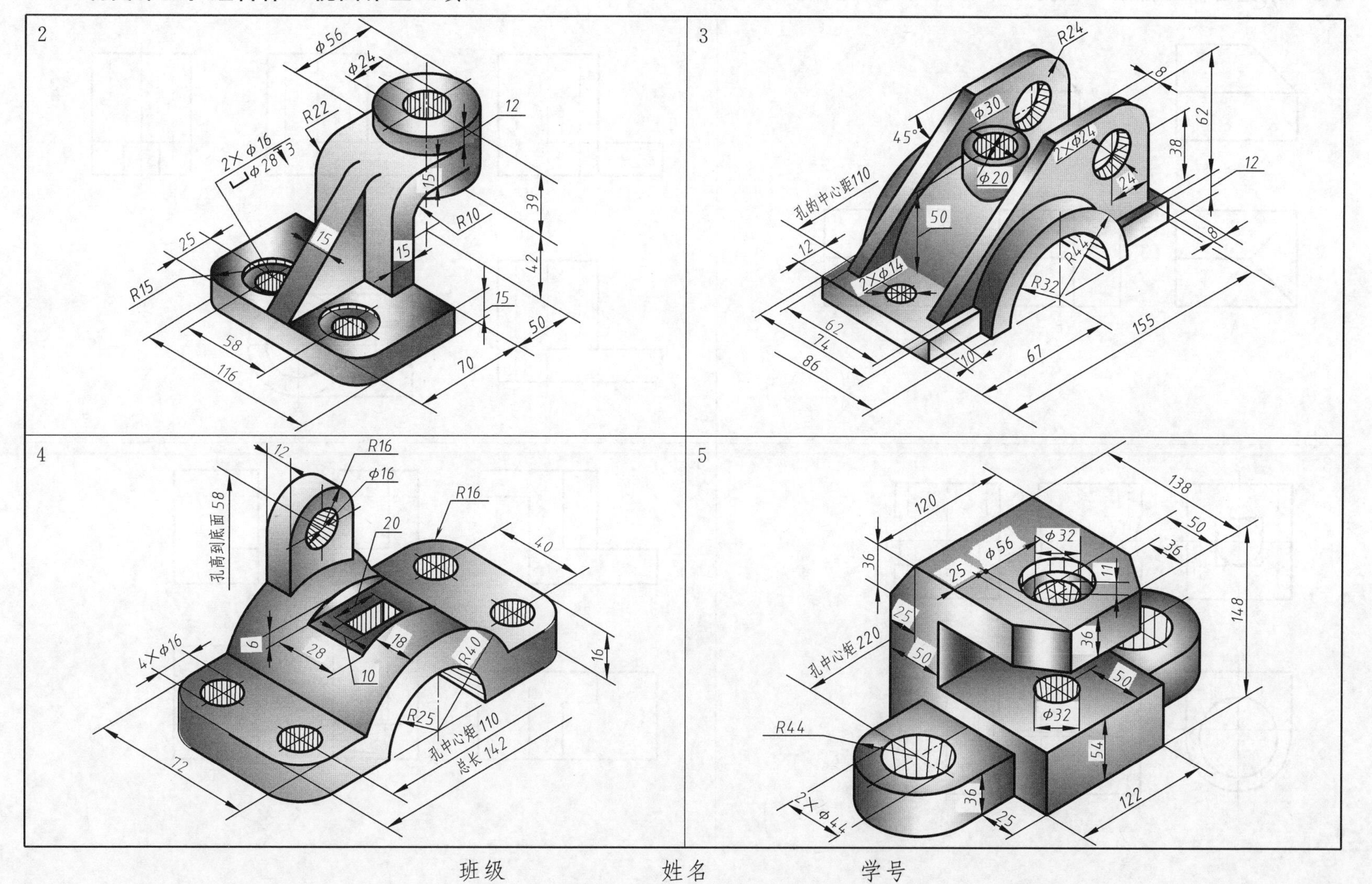

班级　　　　　　　姓名　　　　　　　学号

5-8 读组合体三视图（根据已知的两视图，选择正确的第三视图）

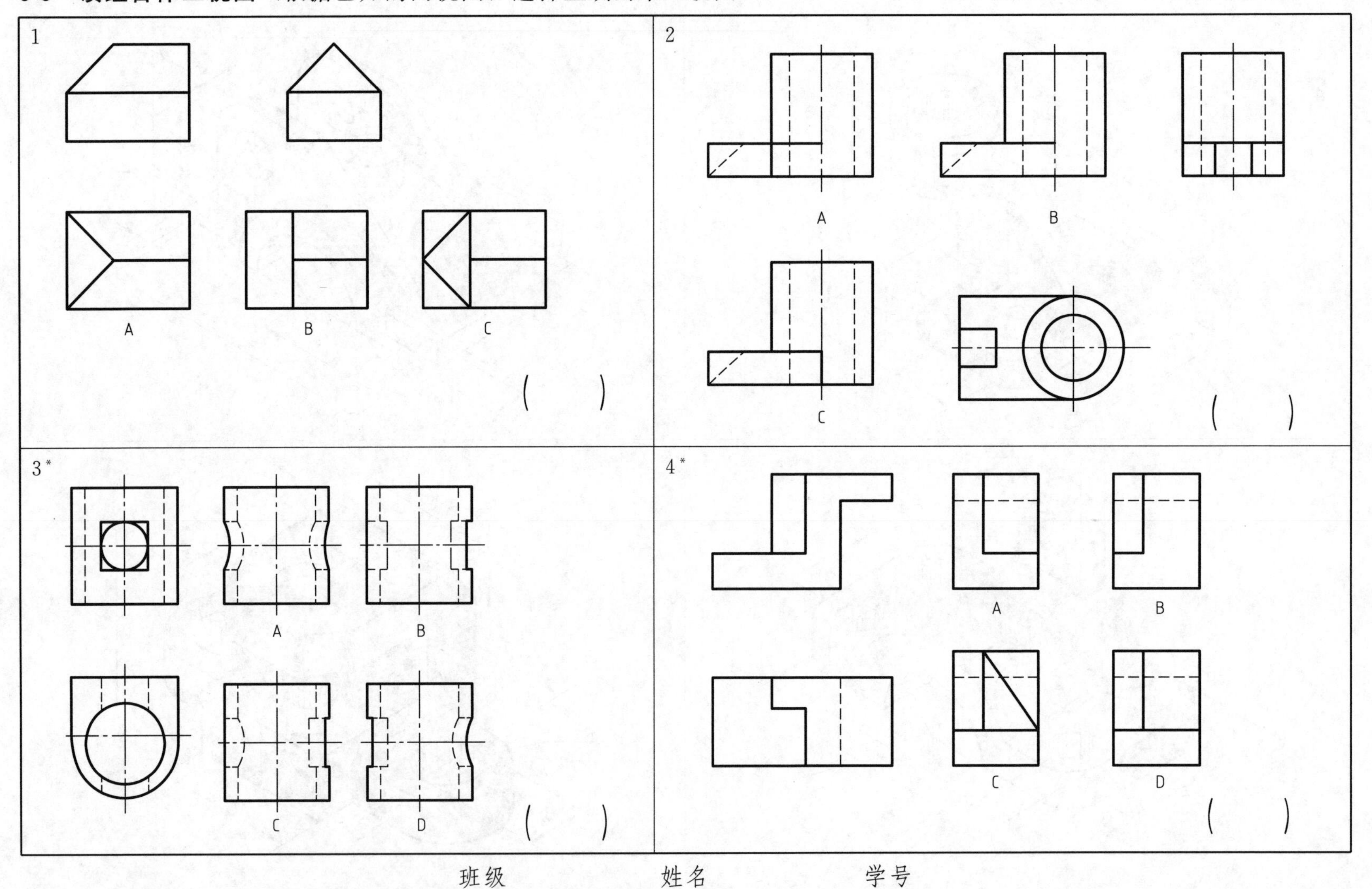

班级 姓名 学号

5-9 读组合体三视图

1. 读懂给定的一个视图，构思物体形状，补画另一视图，至少画两种。

（1）已知俯视图，补画主视图。

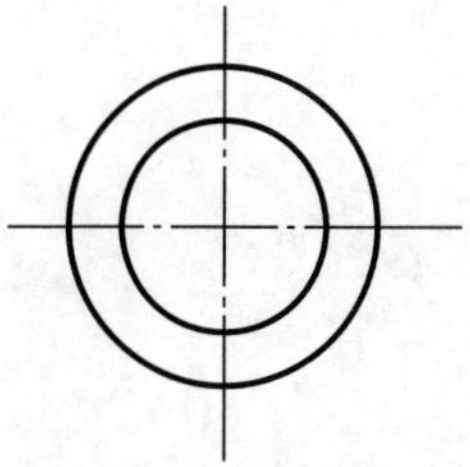

（2）已知主视图，补画左视图。

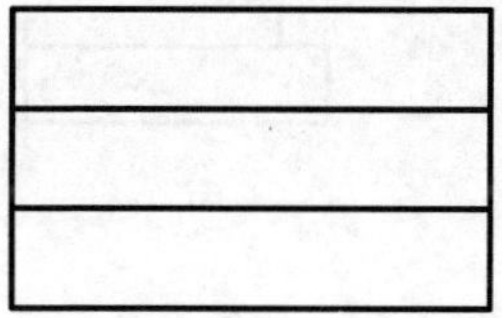

2. 读懂给定的两个视图，补画第三视图，至少画两个。

（1）

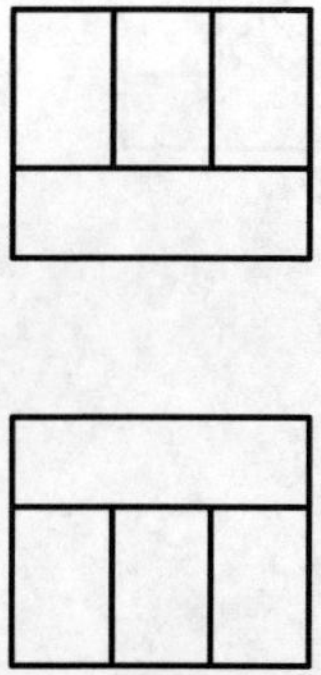

（2）

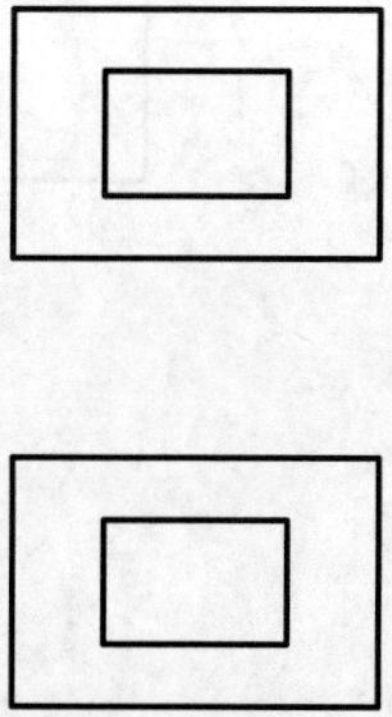

班级　　　　姓名　　　　学号

5-10　读组合体三视图（补画视图中所缺的图线）

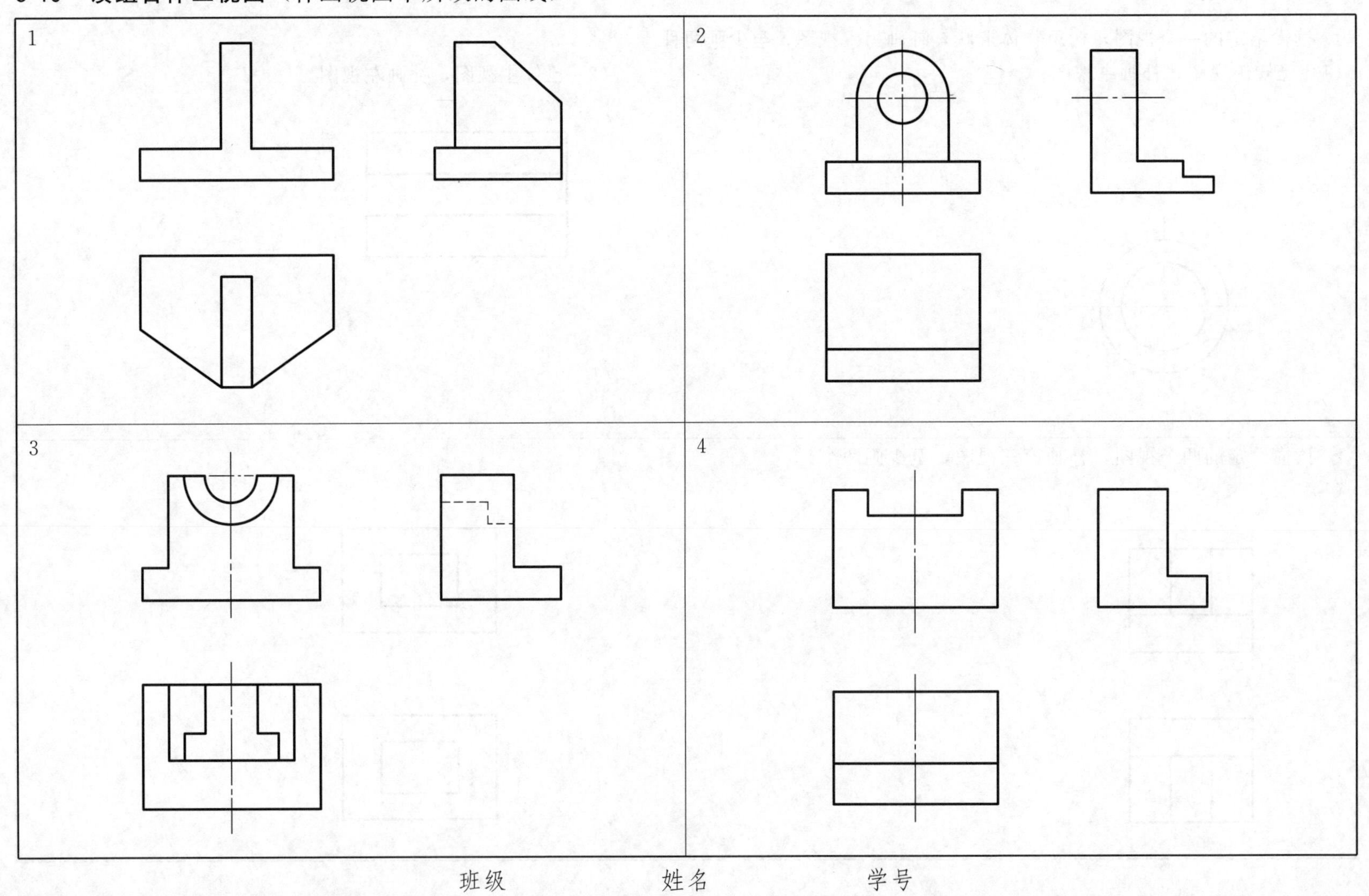

班级　　　　　　　姓名　　　　　　　学号

5-10 读组合体三视图（补画视图中所缺的图线）（续）

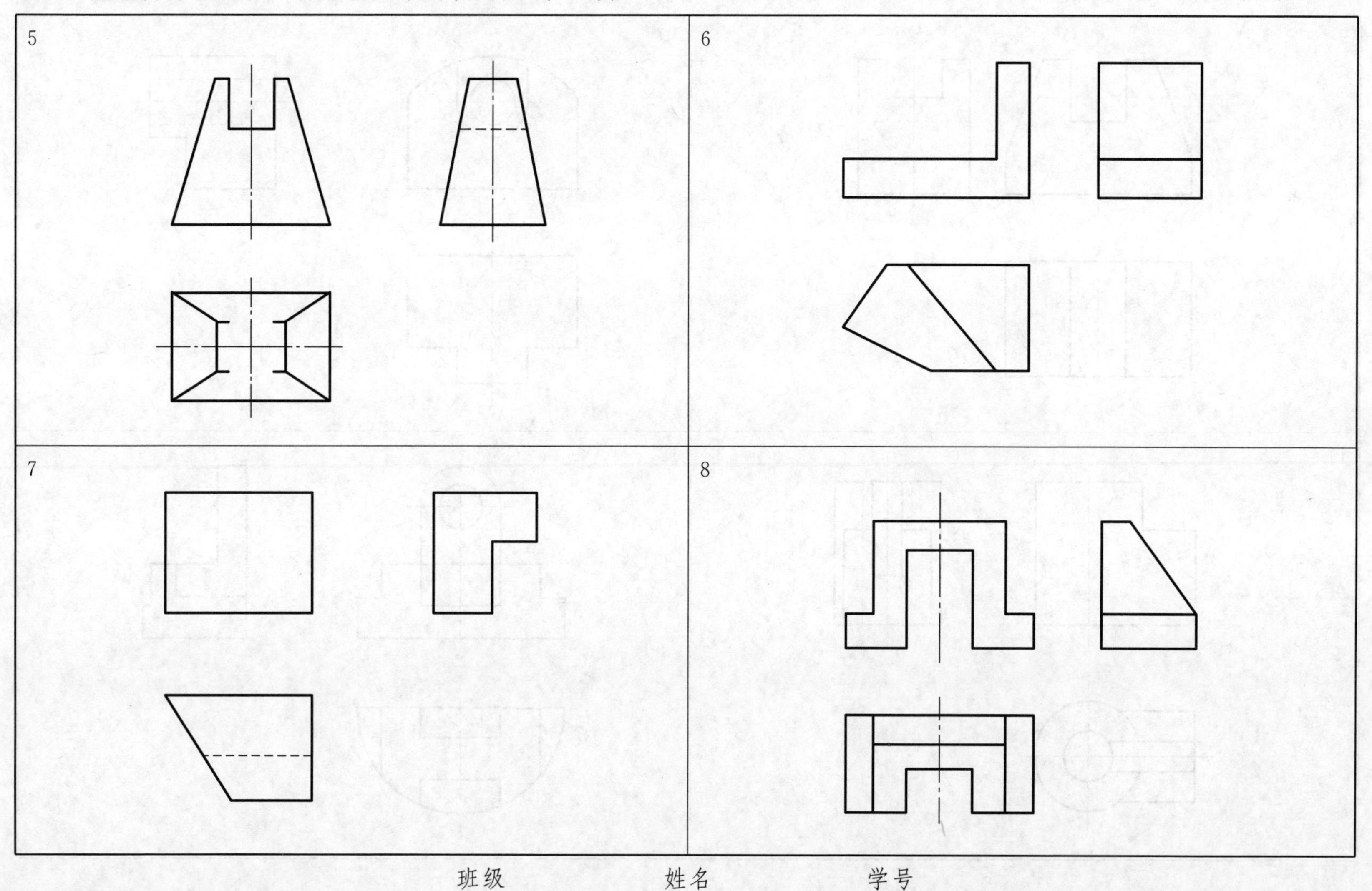

班级　　　　　姓名　　　　　学号

5-10 **读组合体三视图**（补画视图中所缺的图线）（续）

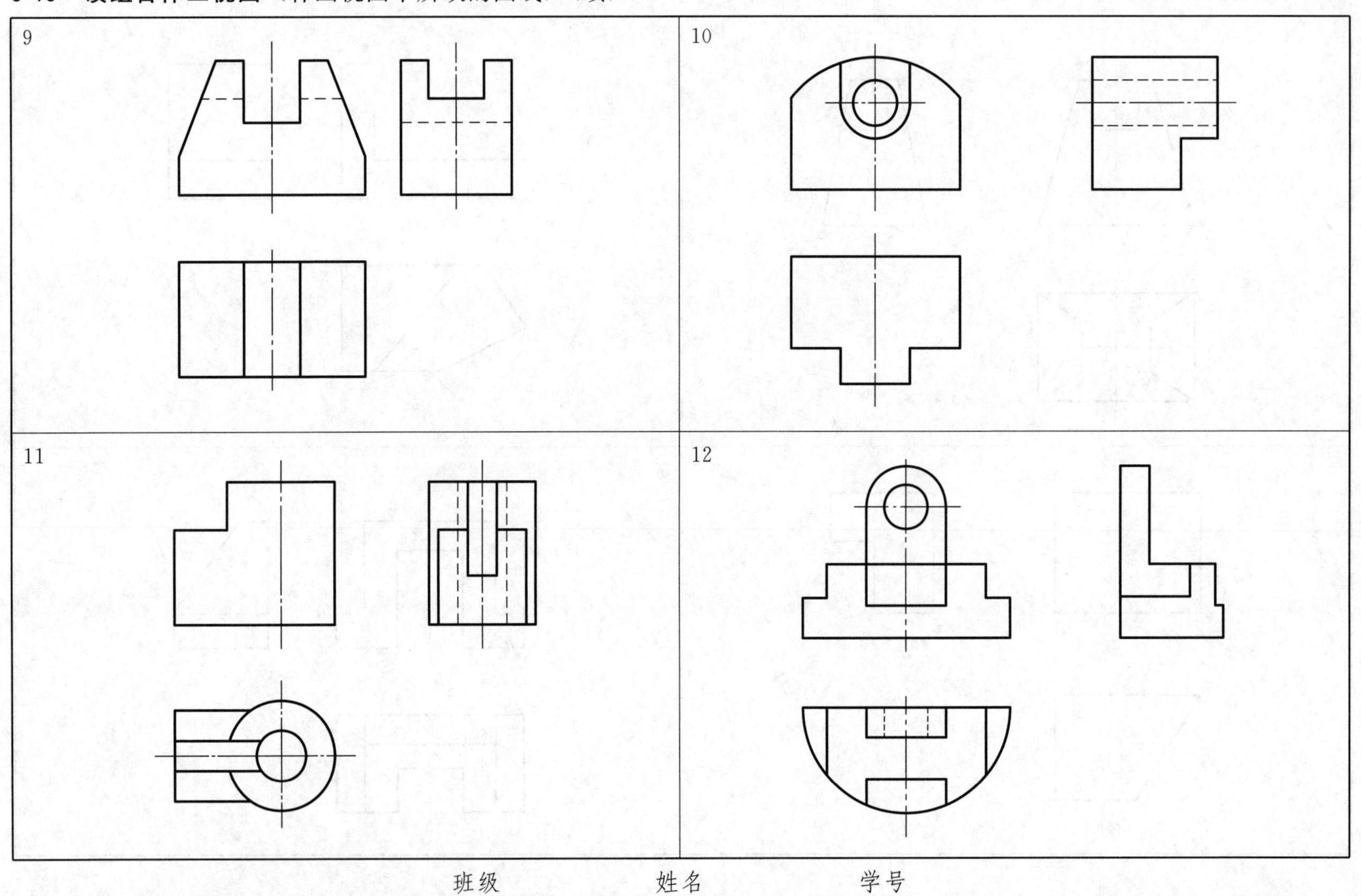

班级　　　　姓名　　　　学号

5-10 读组合体三视图（补画视图中所缺的图线）（续）

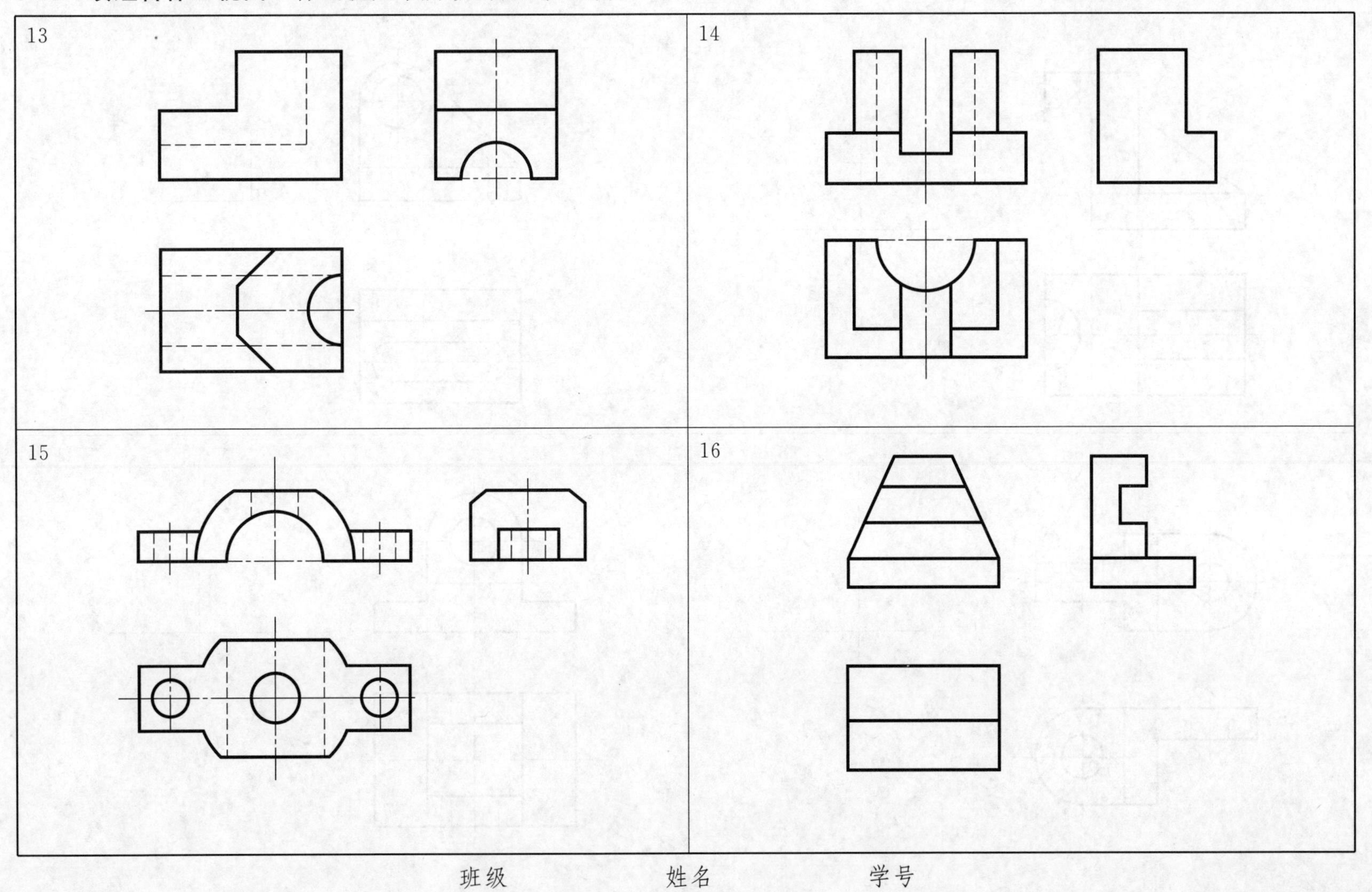

班级 姓名 学号

5-11 读组合体三视图（根据给定的两个视图，补第三视图）

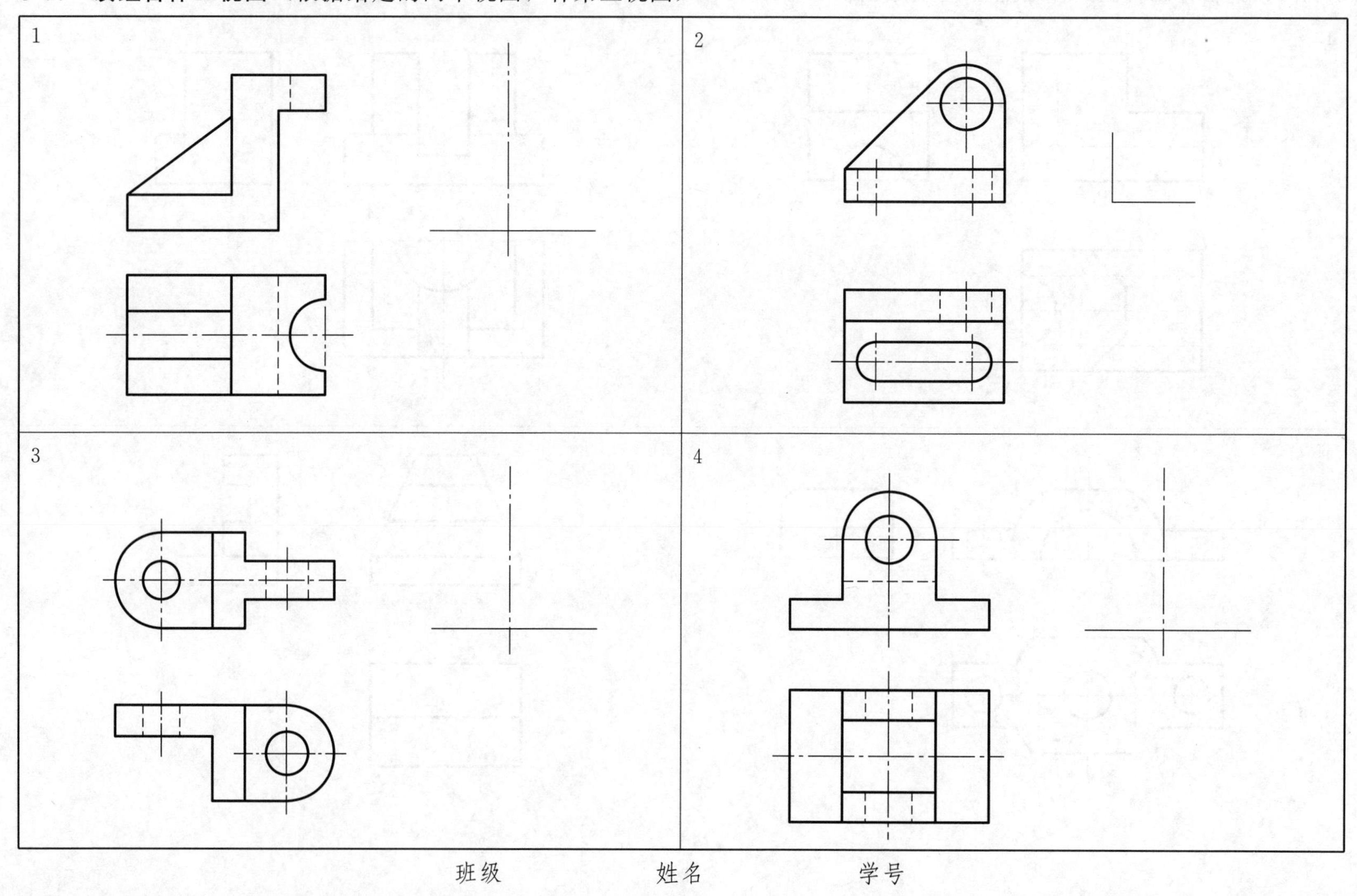

班级 姓名 学号

5-11 **读组合体三视图**（根据给定的两个视图，补第三视图）（续）

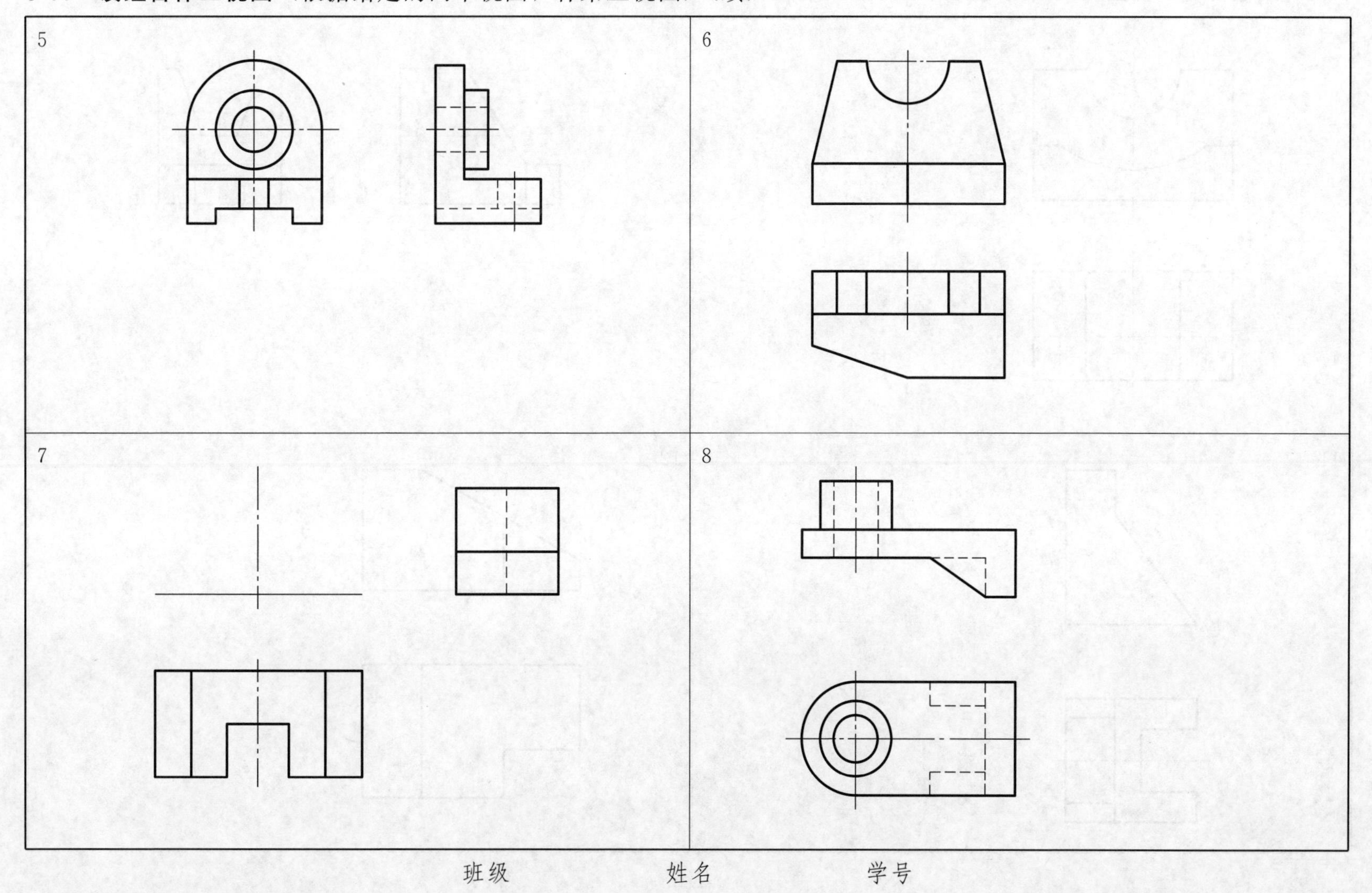

班级　　　　姓名　　　　学号

5-11 **读组合体三视图**（根据给定的两个视图，补第三视图）（续）

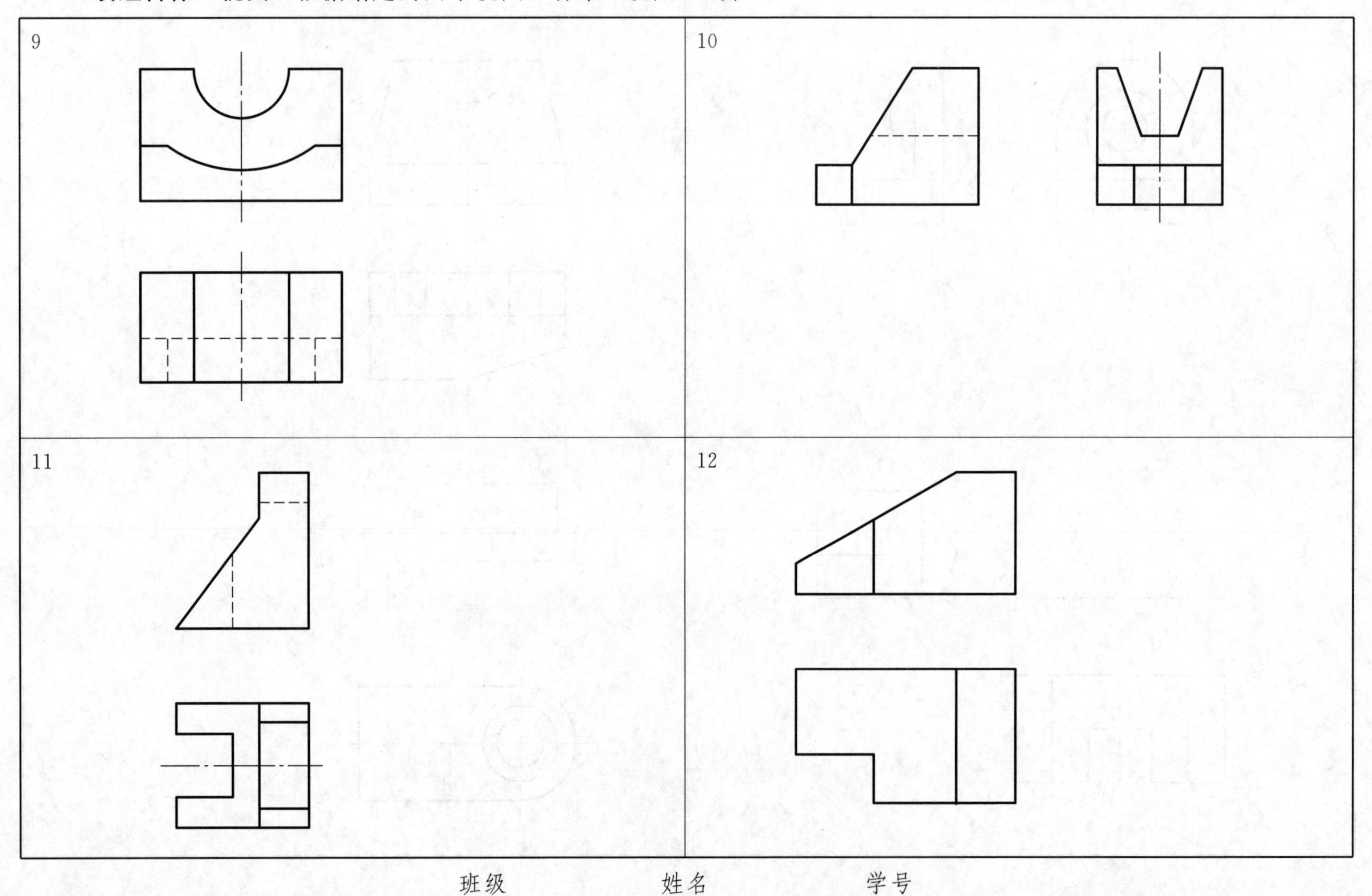

班级　　　　姓名　　　　学号

5-11 读组合体三视图（根据给定的两个视图，补第三视图）（续）

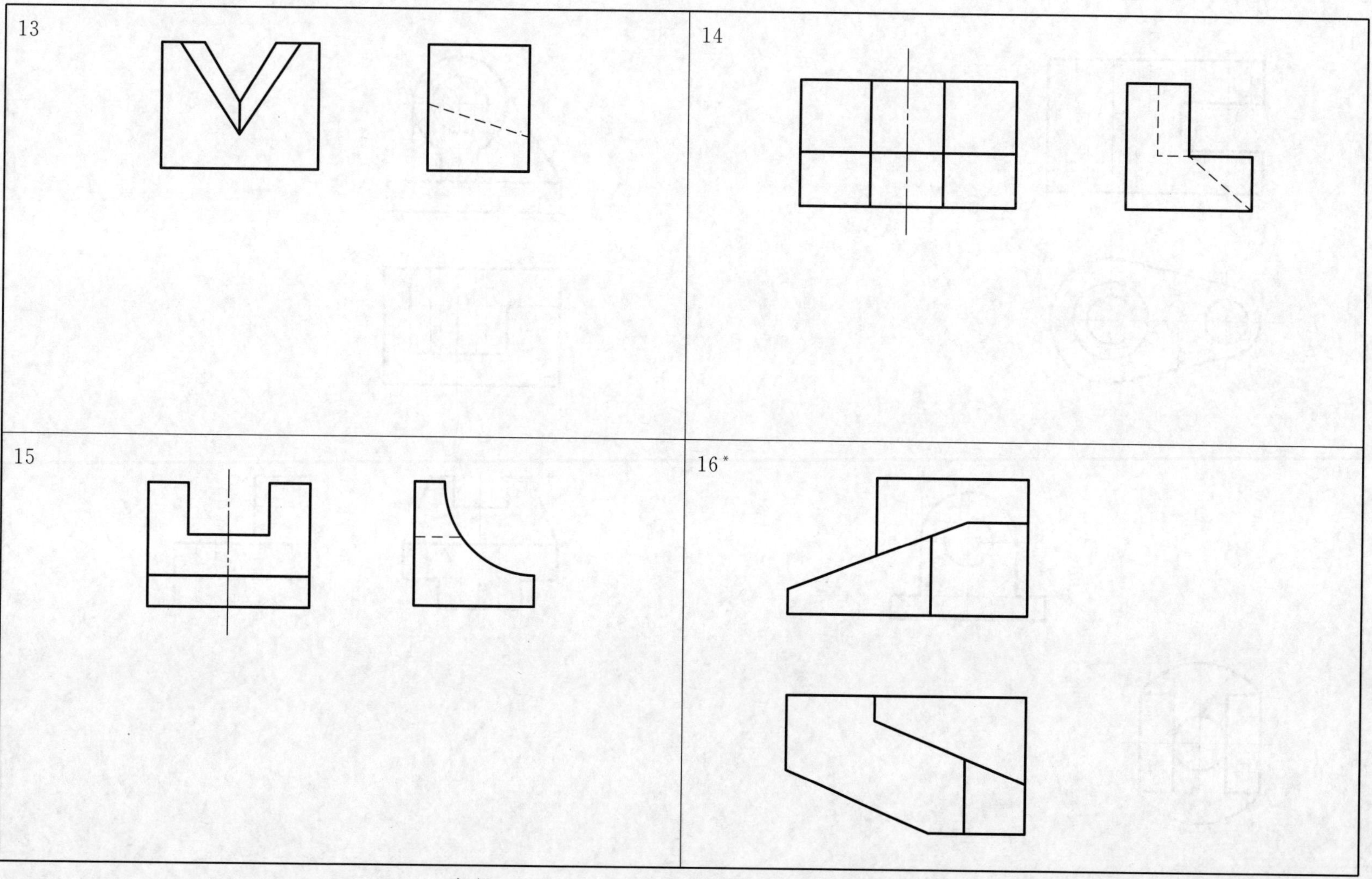

班级 姓名 学号

5-11　**读组合体三视图**（根据给定的两个视图，补第三视图）（续）

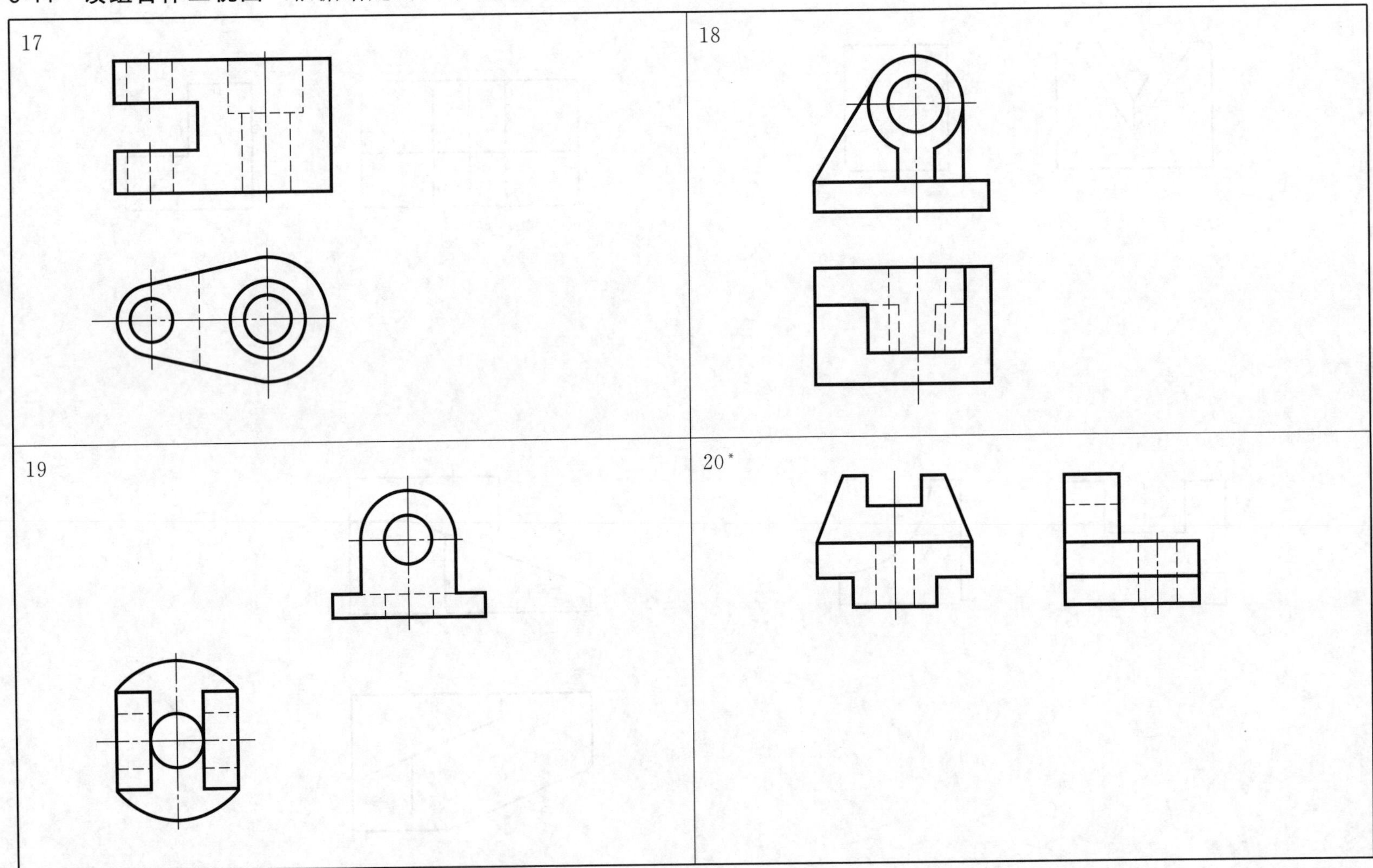

班级　　　　　　　　姓名　　　　　　　　学号

5-11 读组合体三视图（根据给定的两个视图，补第三视图）（续）

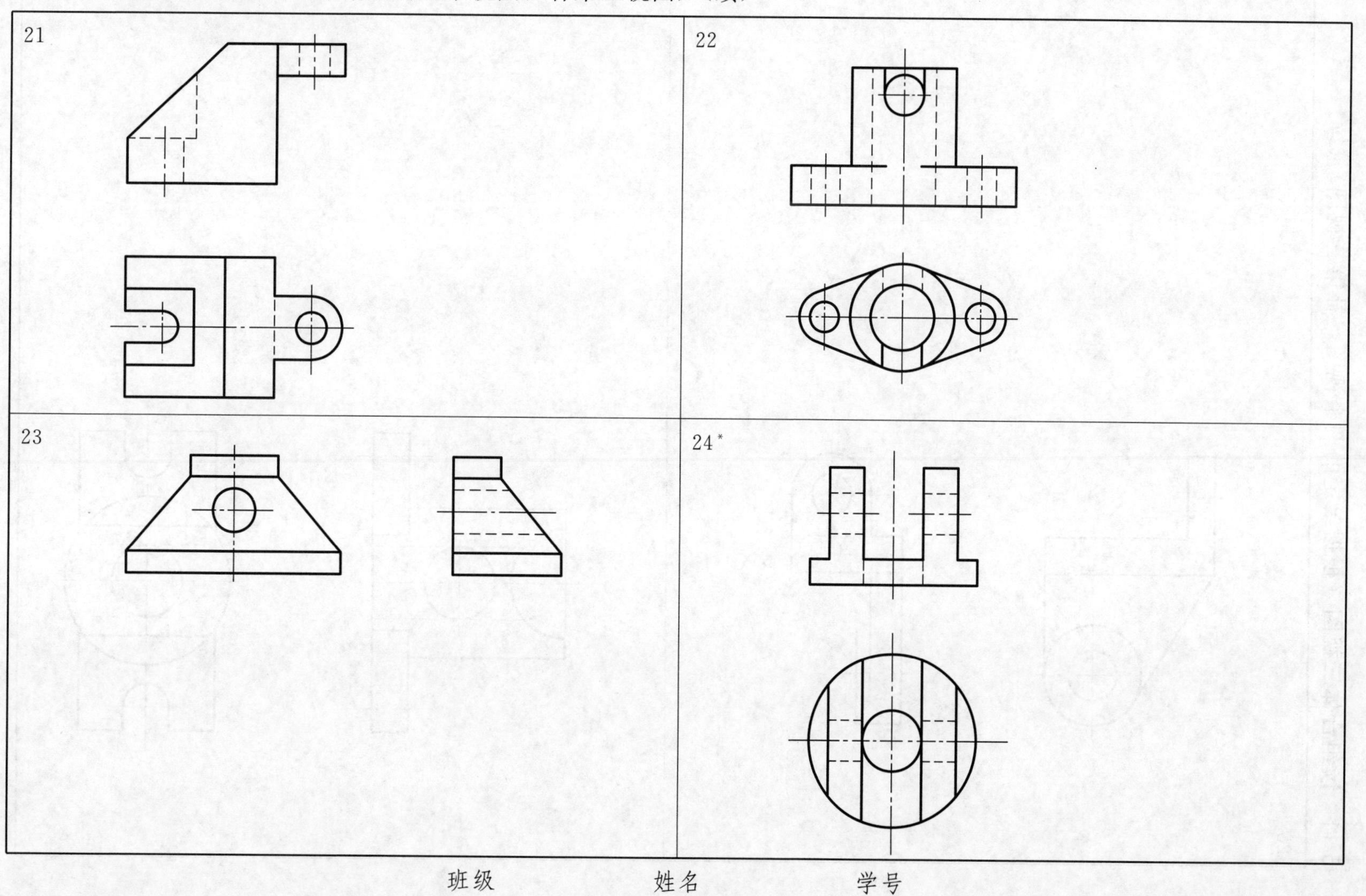

班级　　　　姓名　　　　学号

5-11 读组合体三视图（根据给定的两个视图，补第三视图）（续）

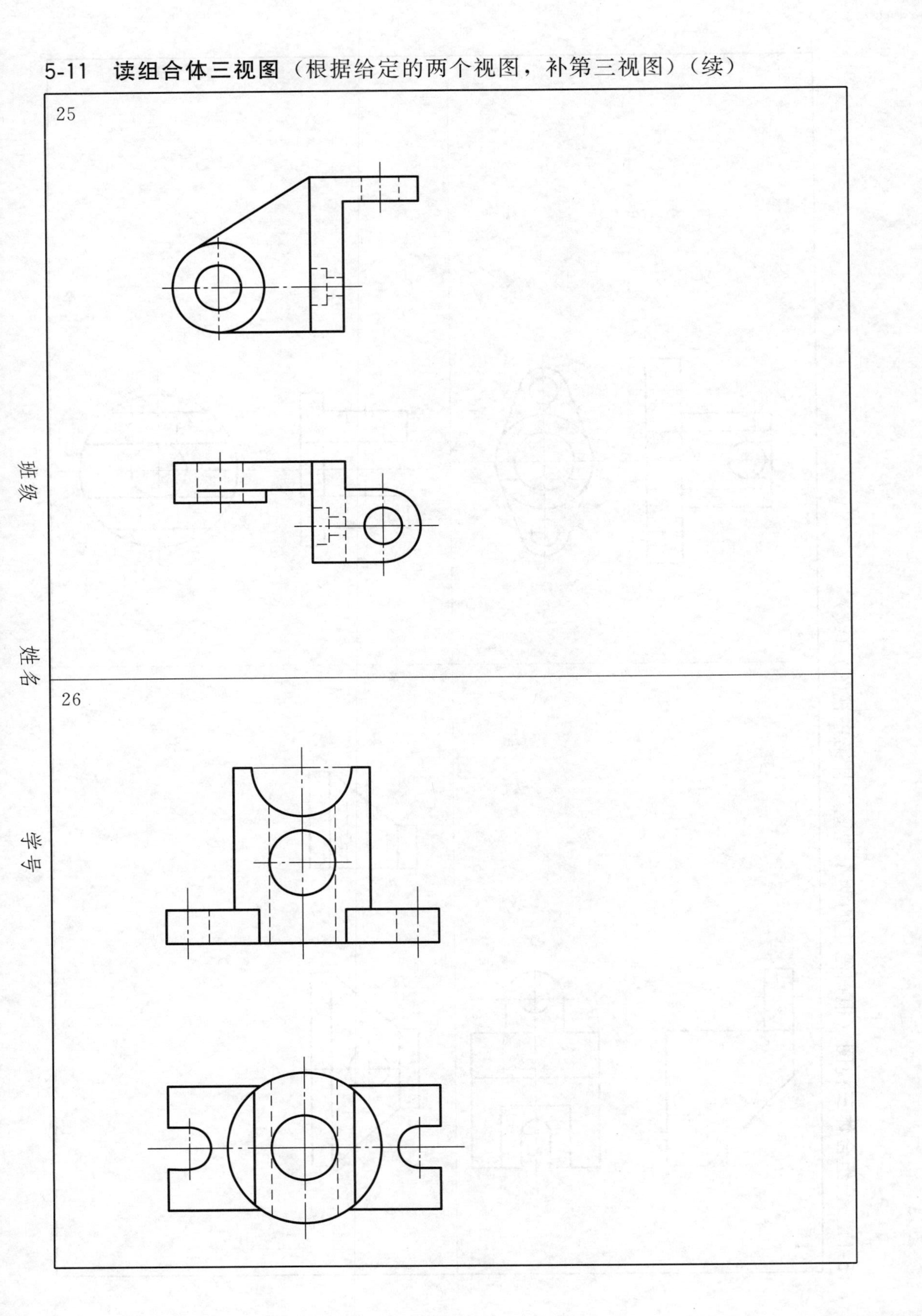

班级　　　　姓名　　　　学号

5-12 读组合体三视图（运用形体分析法或线面分析法，由已知两视图补画第三视图）

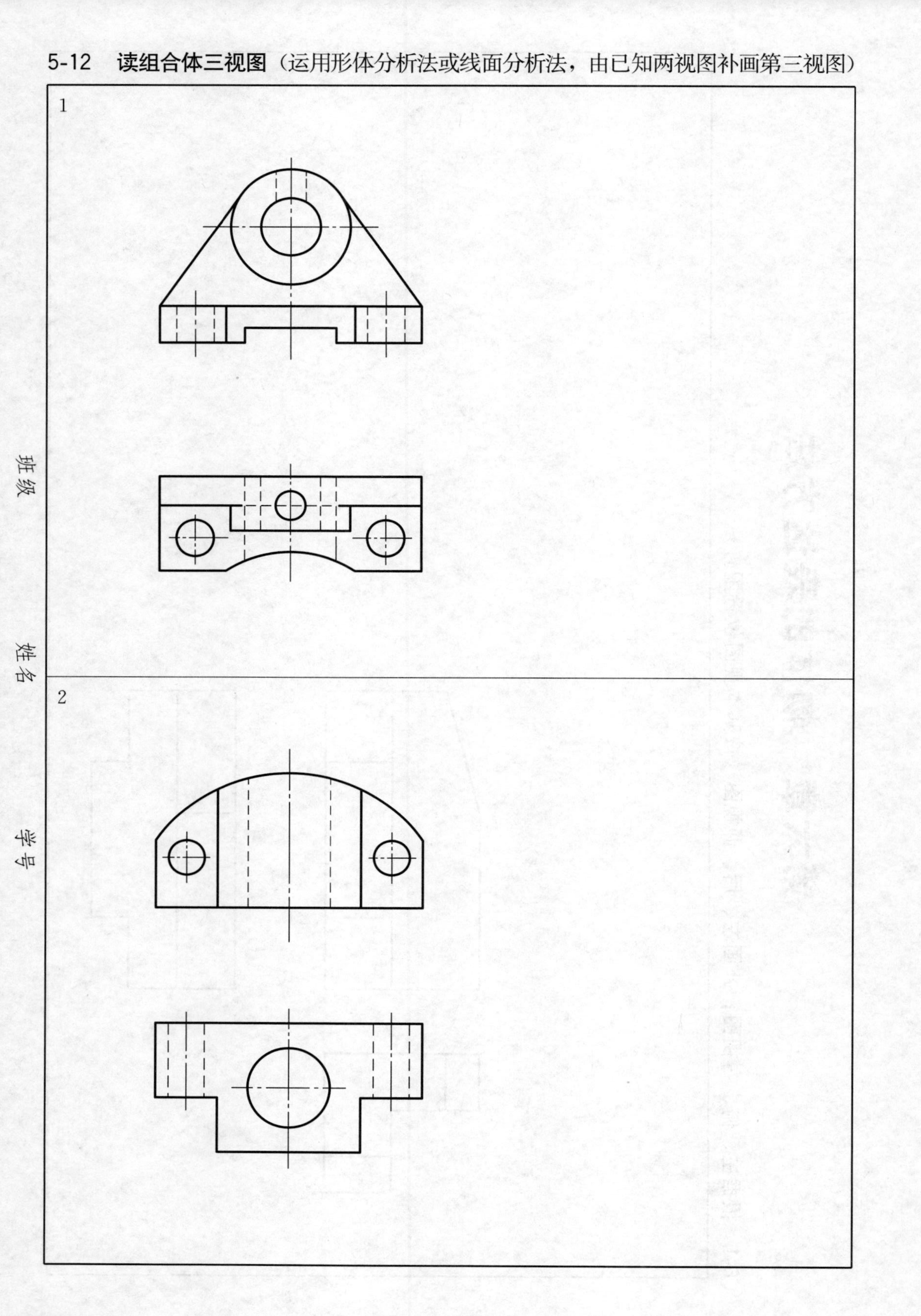

班级　　姓名　　学号

第六章　物体的表达方法

6-1　根据主、俯、右视图，补画左、后、仰视图（按基本视图位置配置）

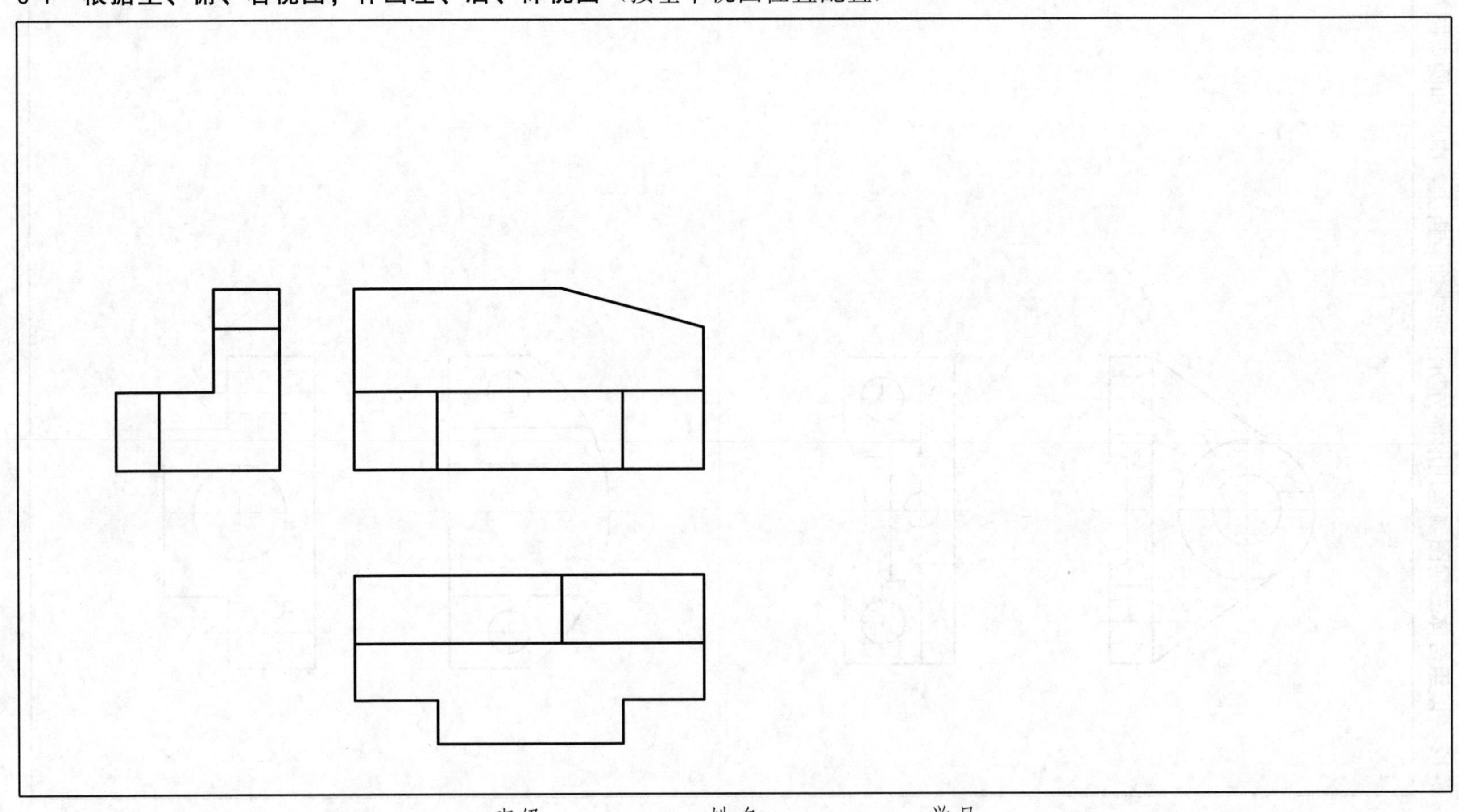

班级　　　　　　　　姓名　　　　　　　　学号

6-2　根据主、俯视图，补画左、右、后、仰视图（按向视图位置配置）

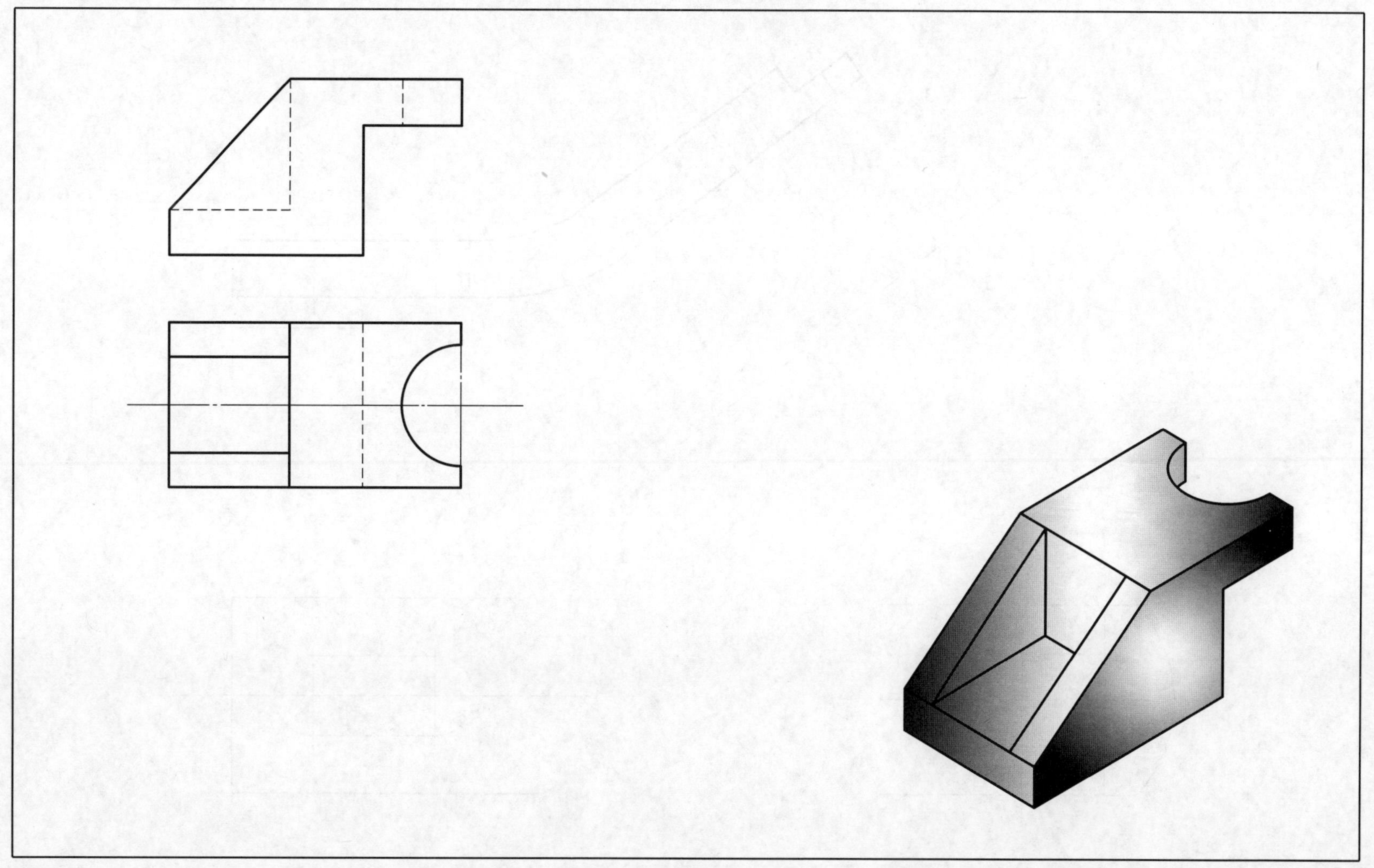

班级　　　　　　姓名　　　　　　学号

6-3　看懂图形的各部分形状后，完成局部视图和斜视图，并按规定标注

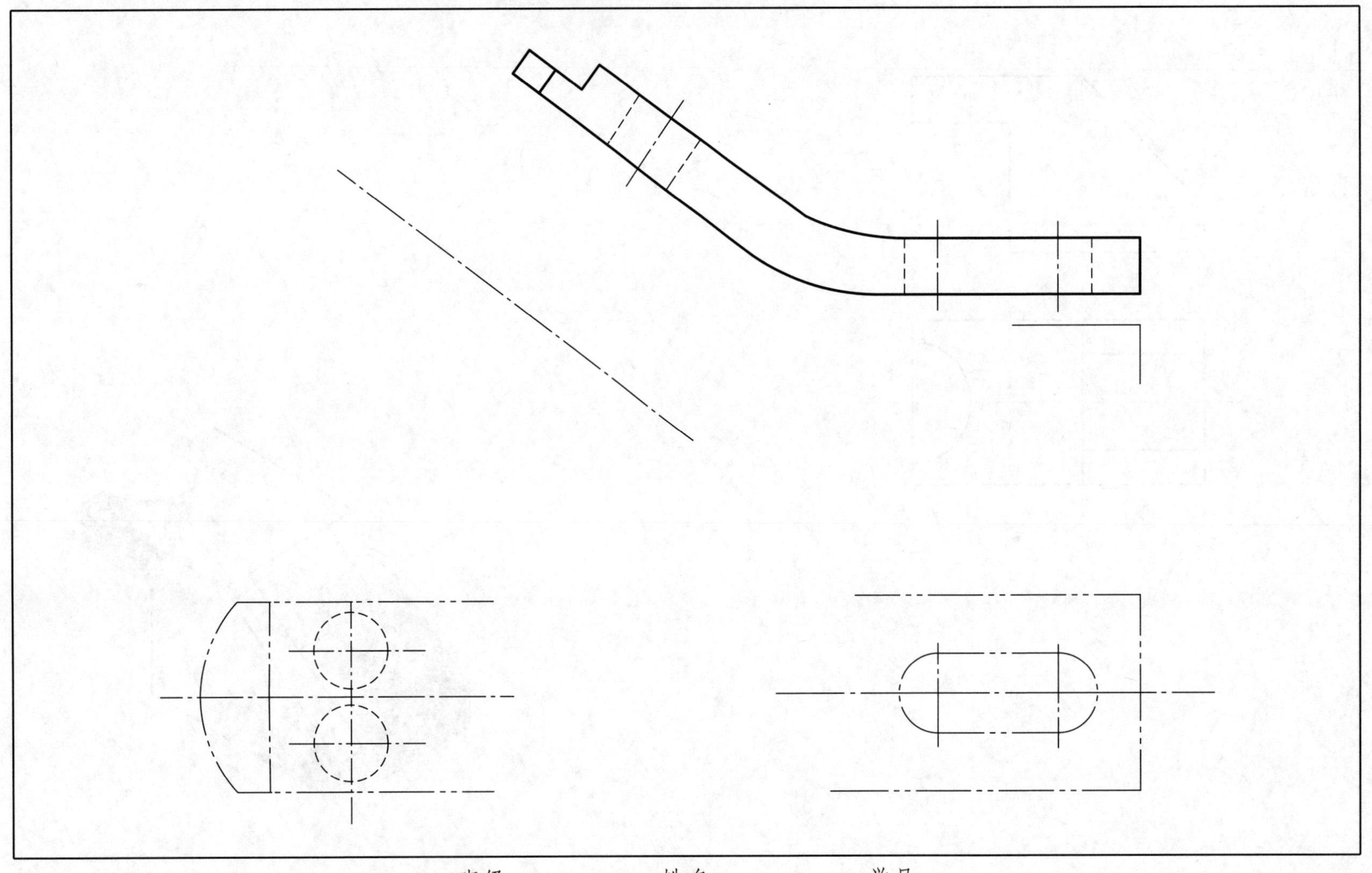

班级　　　　　　姓名　　　　　　学号

6-4　补齐剖视图中的漏线，或用“×”去掉多余的线

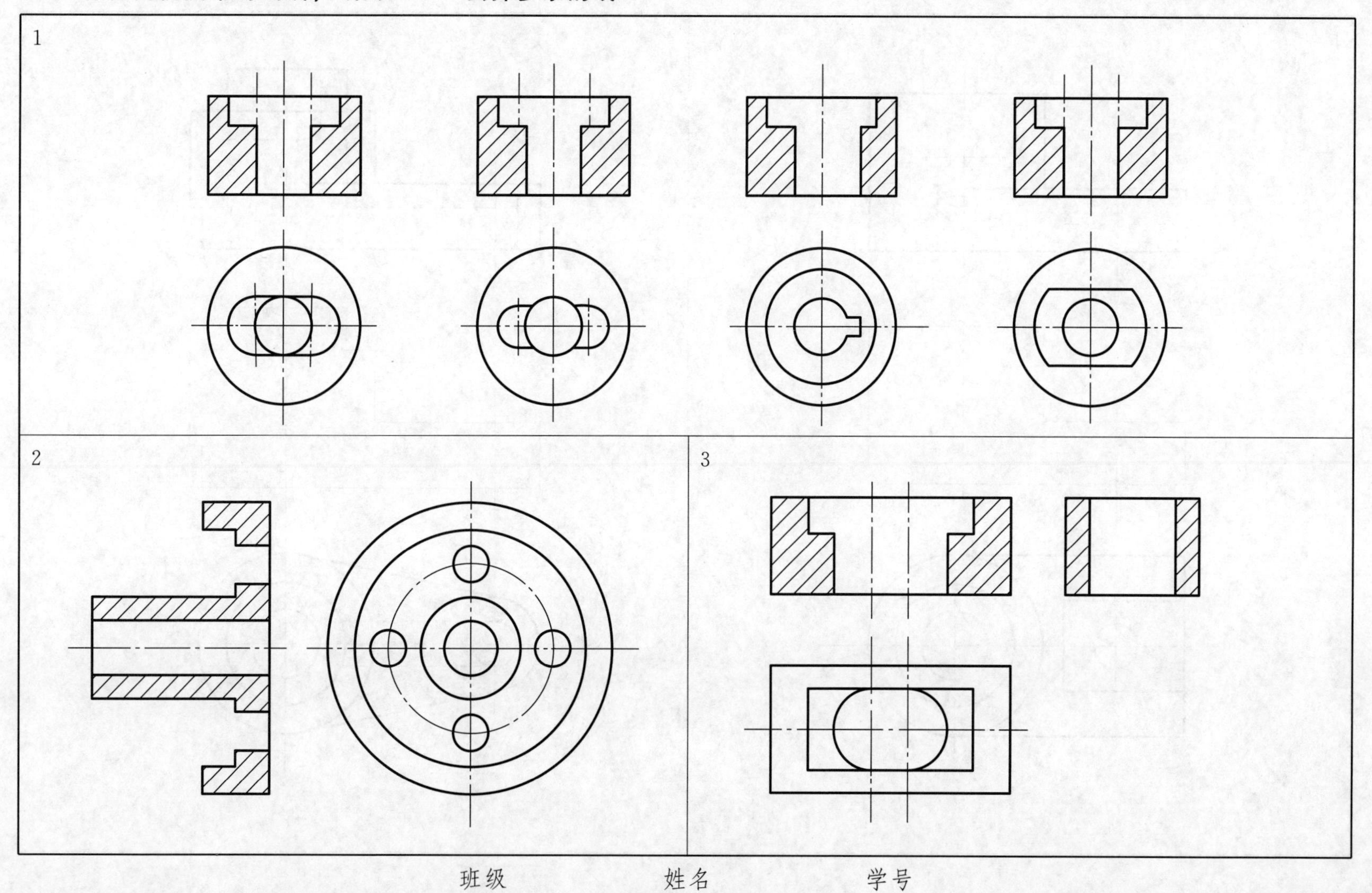

班级　　　　　　姓名　　　　　　学号

6-5　在指定位置将主视图改画成全剖视图

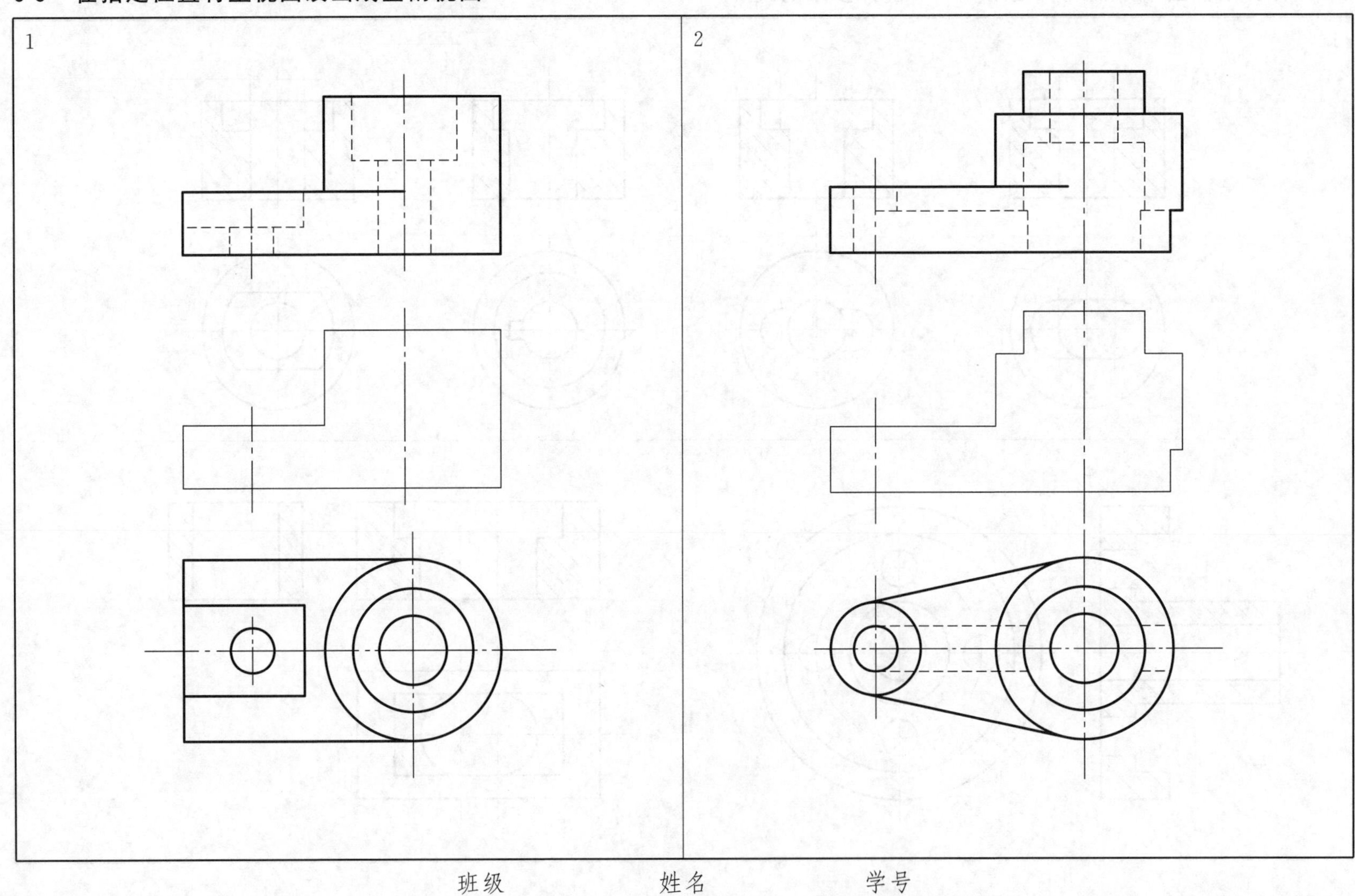

班级　　　　　　姓名　　　　　　学号

6-6　选择正确的主视图，在括号内画（√）

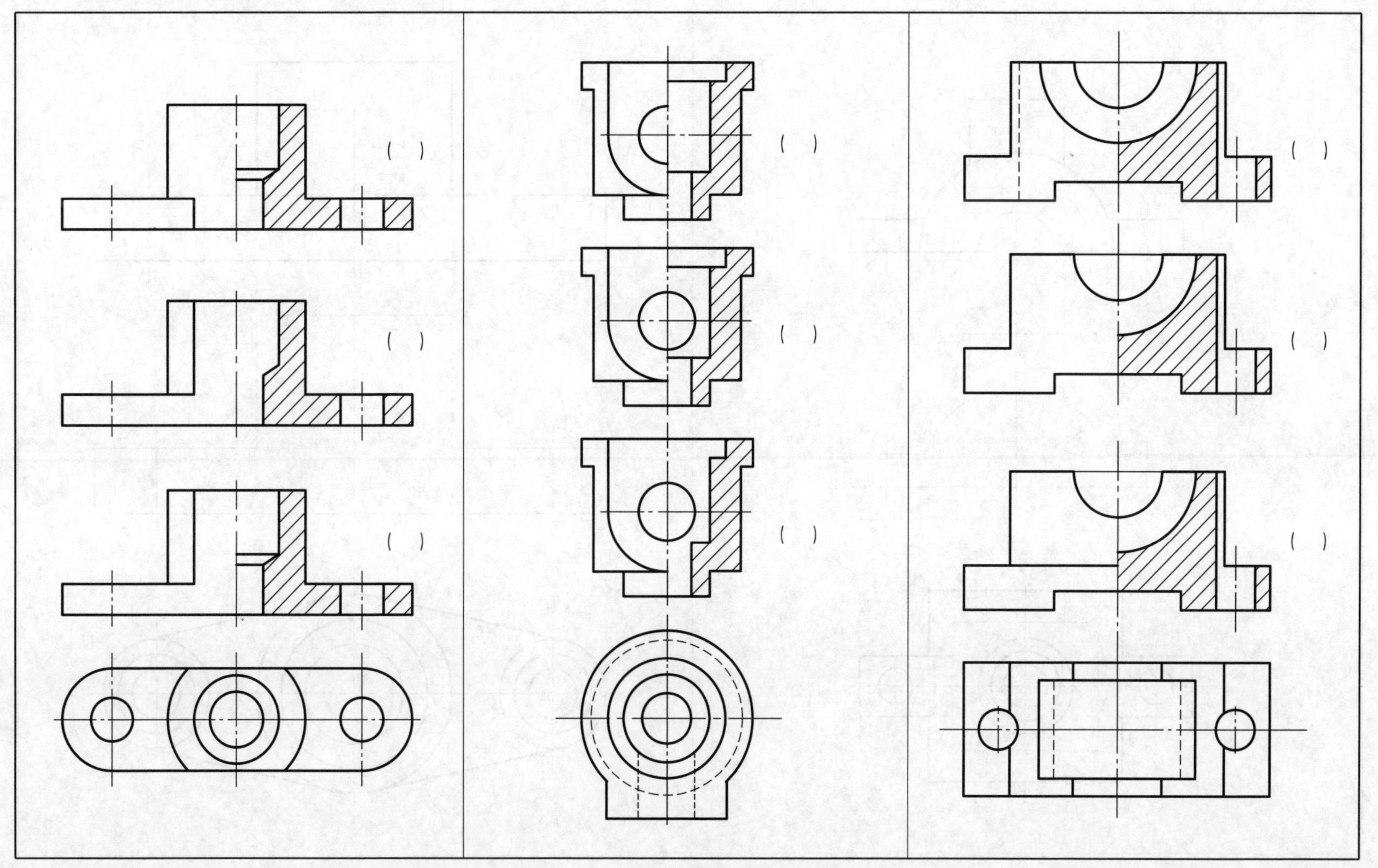

班级　　　　　　姓名　　　　　　学号

6-7　在指定位置，将主视图改画成半剖视图

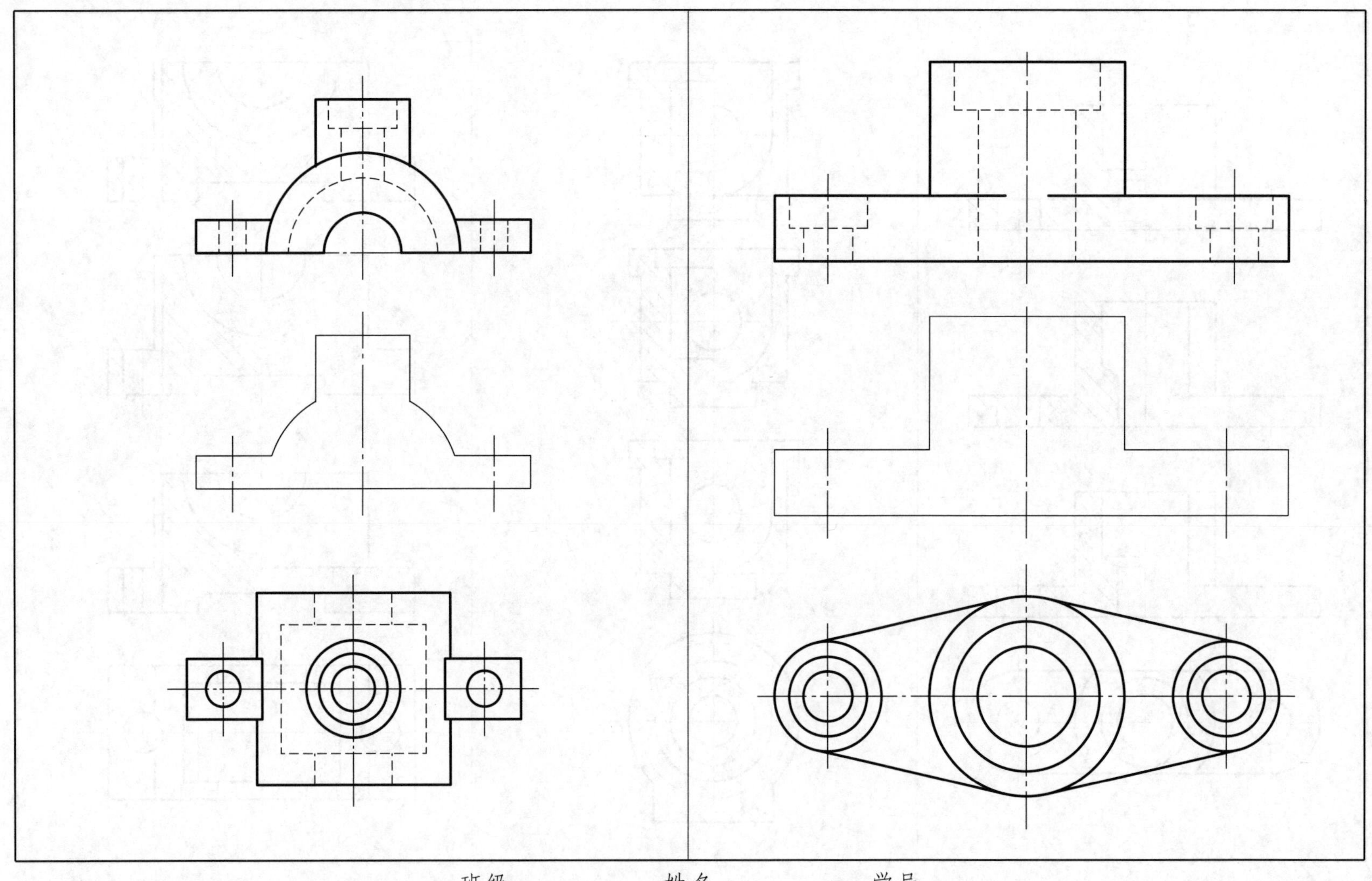

班级　　　　　　　　姓名　　　　　　　　学号

6-8 将主视图改画成半剖图，并补全剖的左视图

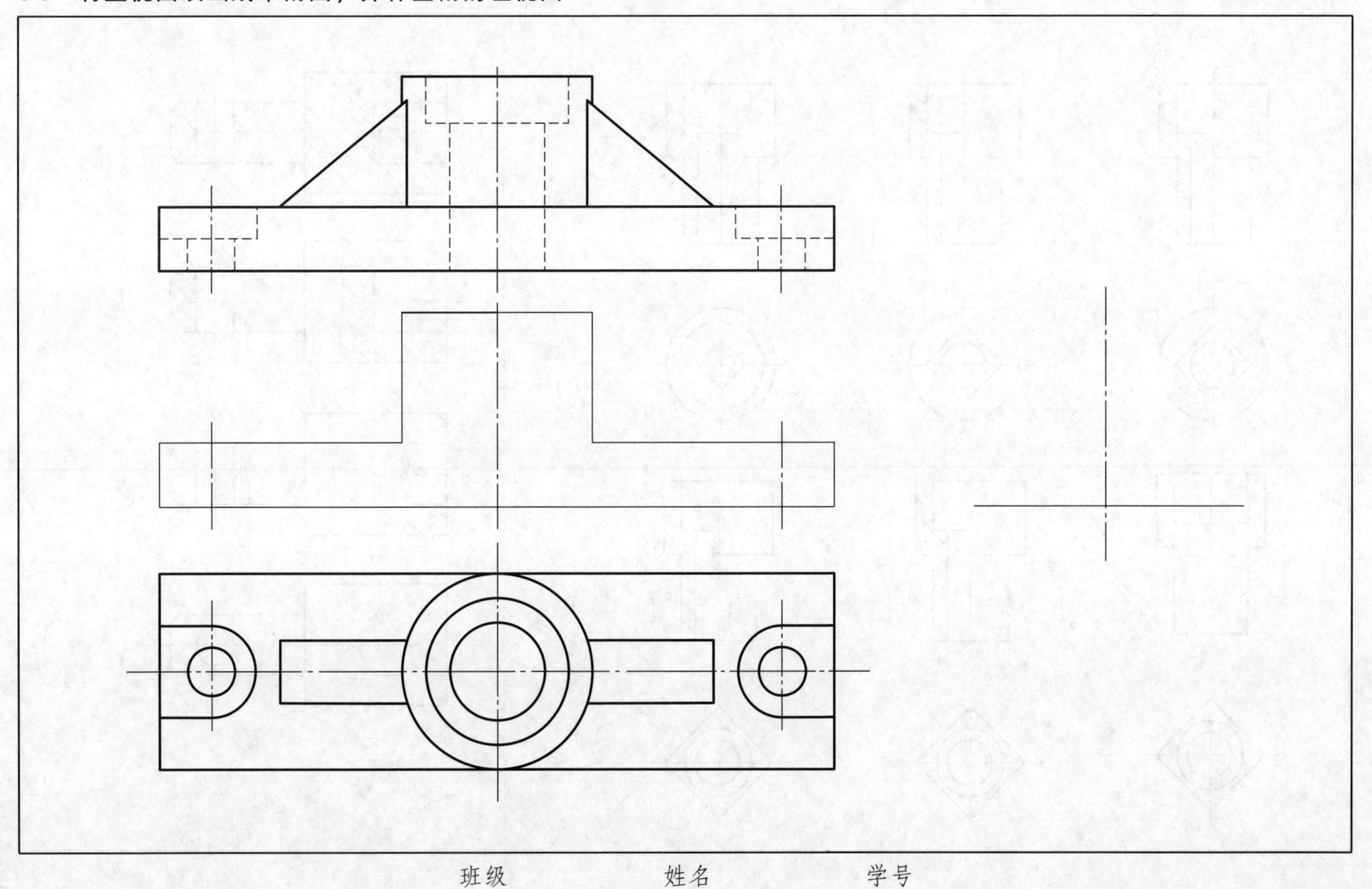

班级　　　　　　　　姓名　　　　　　　　学号

6-9 判断下列局部剖视图的画法是否正确（正确的打√，错误的打×）

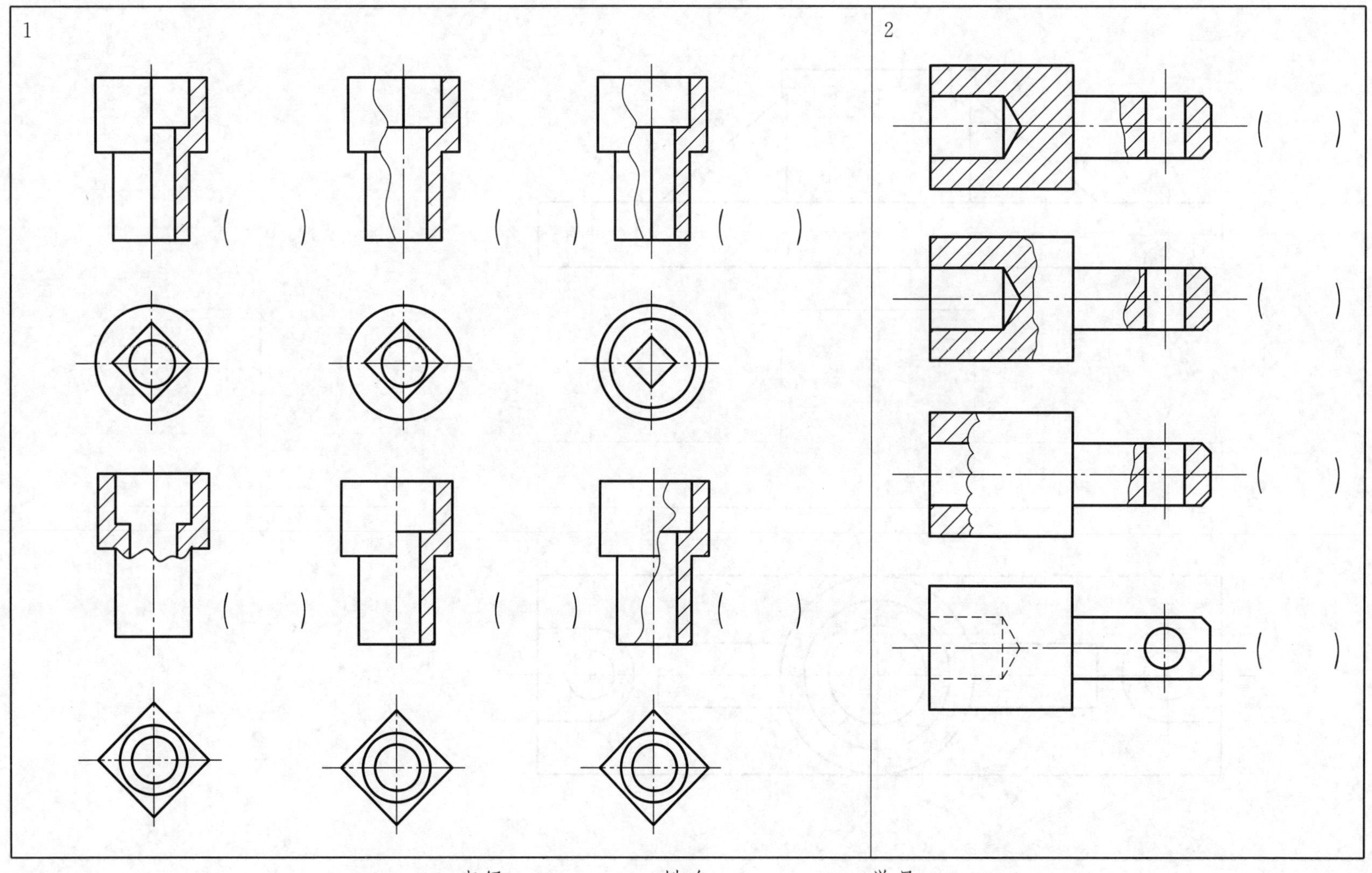

班级　　　　姓名　　　　学号

6-10 在适当的部位作局部剖视（多余的线画×）

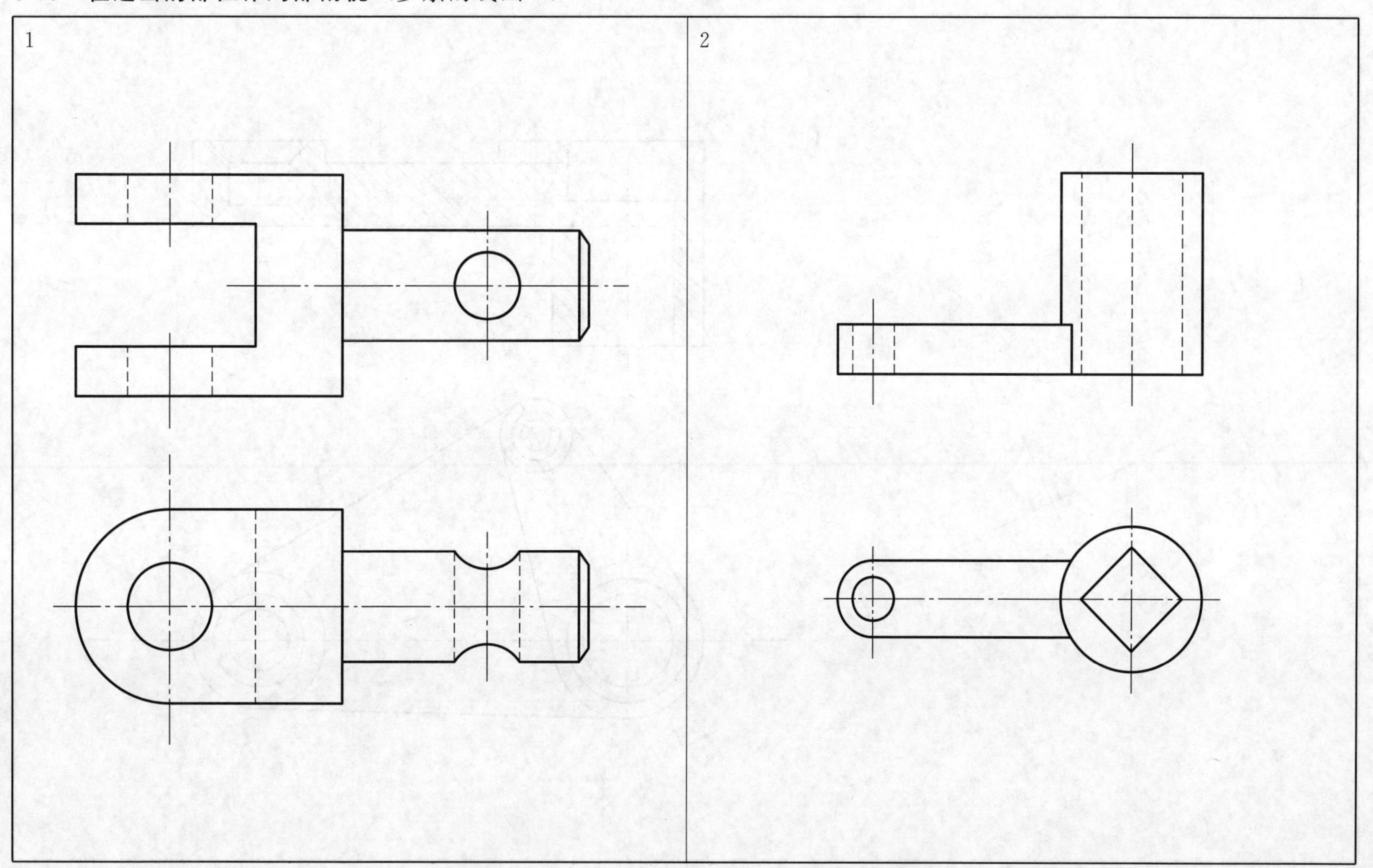

班级 姓名 学号

6-11 画出用单一剖切面获得的全剖视图 *B*—*B*

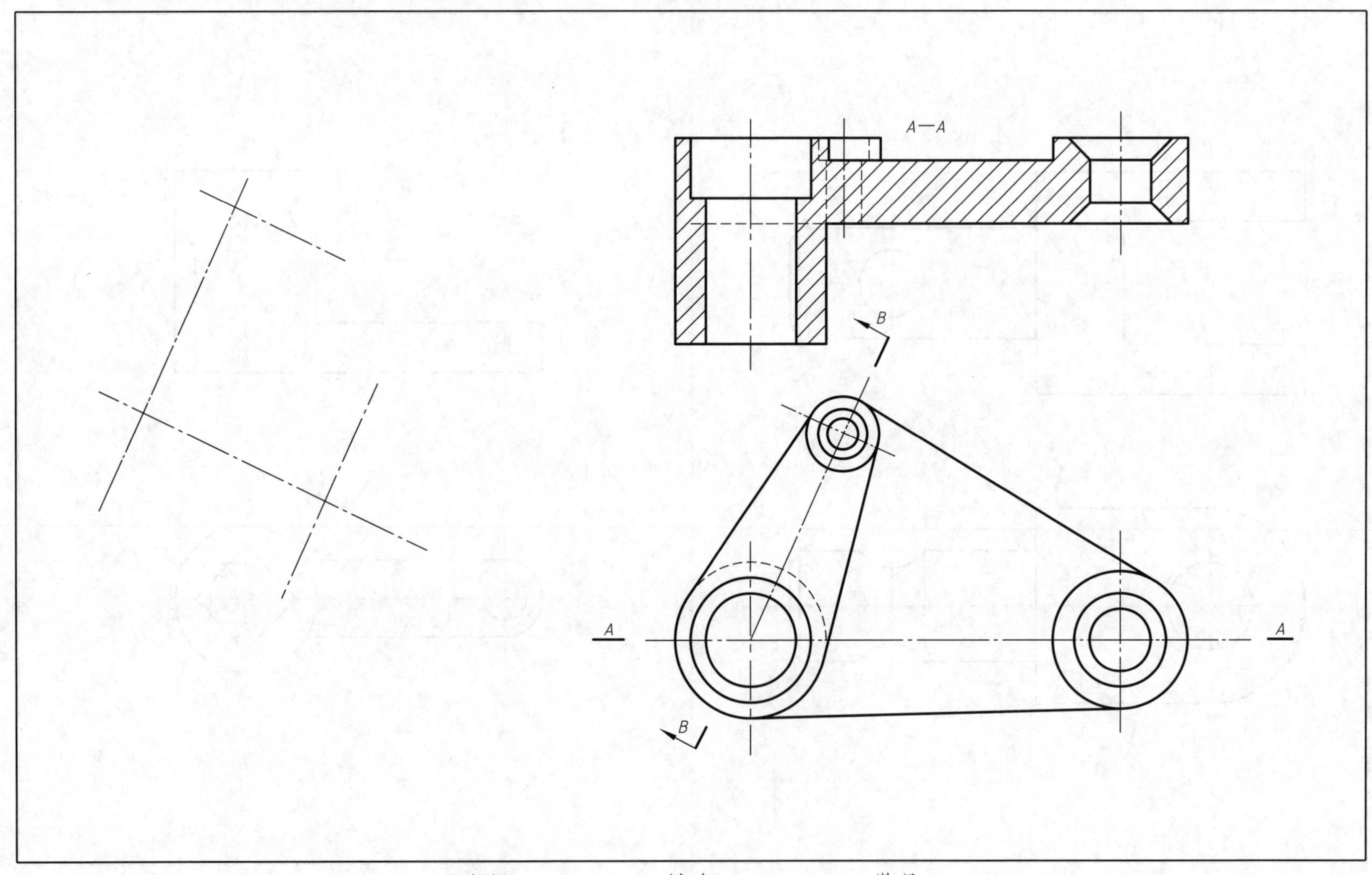

班级 姓名 学号

6-12　画出用几个相交的剖切面剖切后的全剖主视图，并进行标注

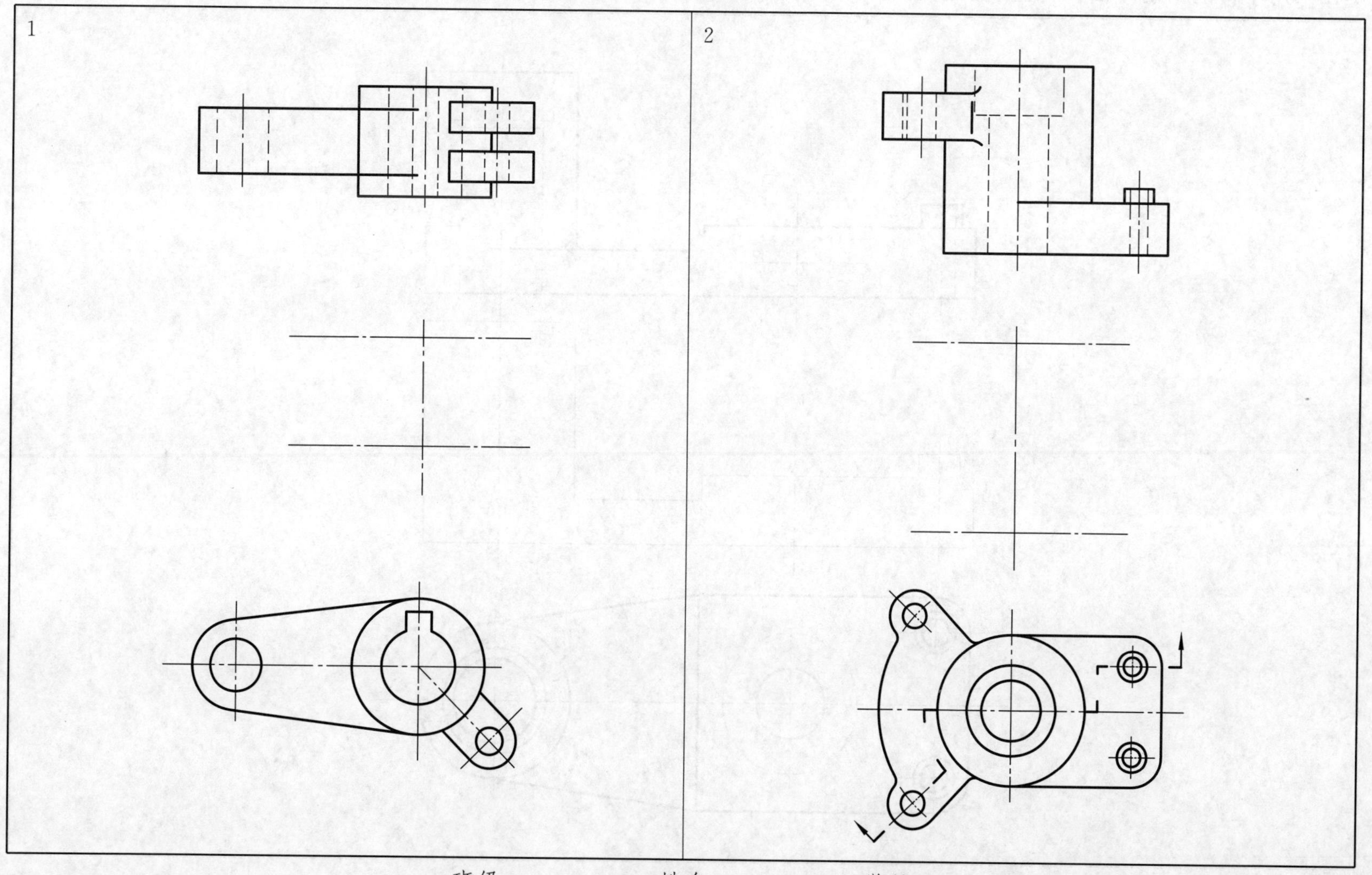

班级　　　　姓名　　　　学号

6-13　用平行的剖切平面，将主视图改画成剖视图，并按规定标注

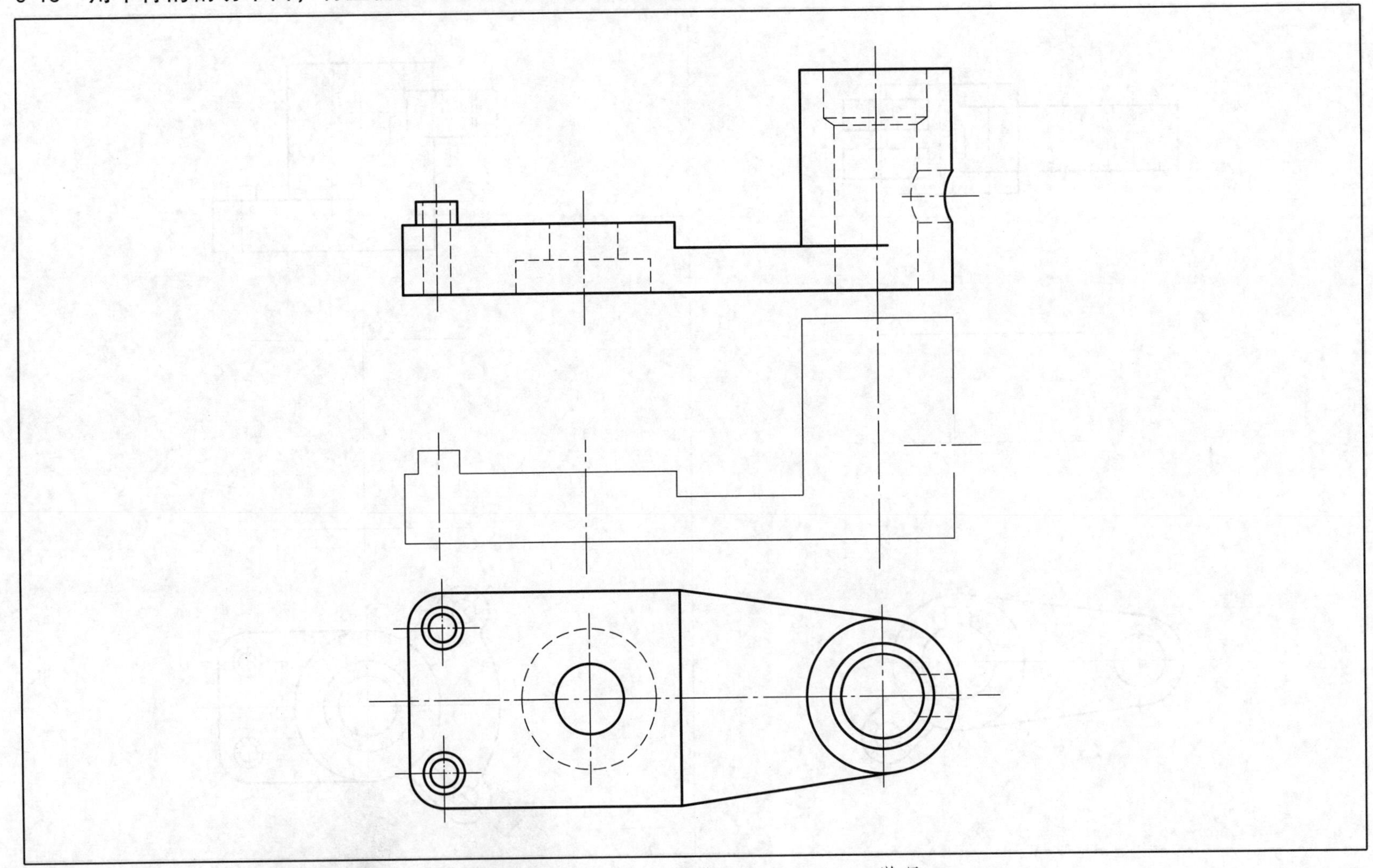

班级　　　　姓名　　　　学号

6-14　找出正确的移出断面，在括号内画（√）

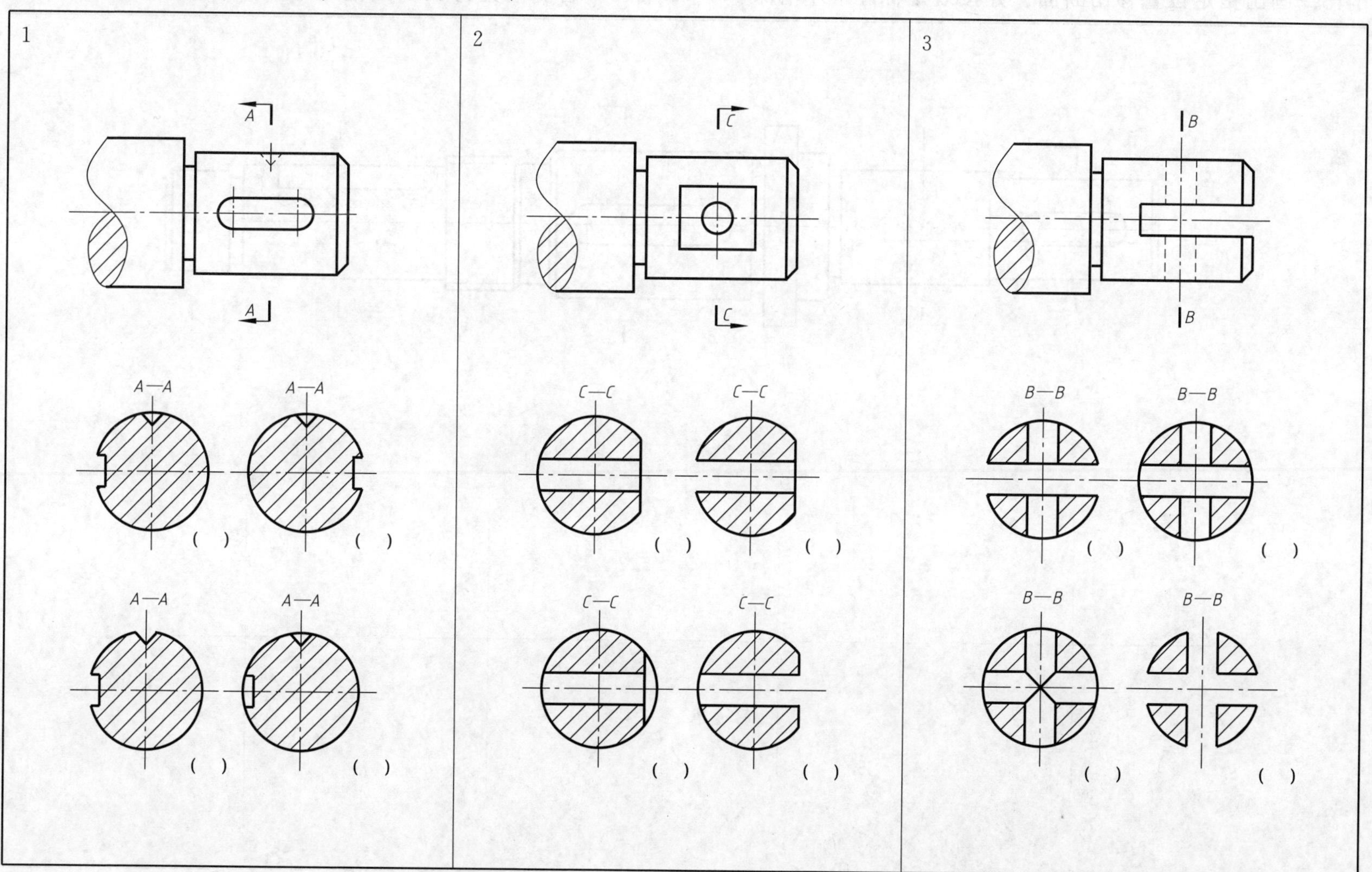

班级　　　　　　姓名　　　　　　学号

6-15 **画出指定位置移出断面，并按规定标注**（左槽深 4，中间深 5，右侧槽宽为 10，其他尺寸从图中量取）

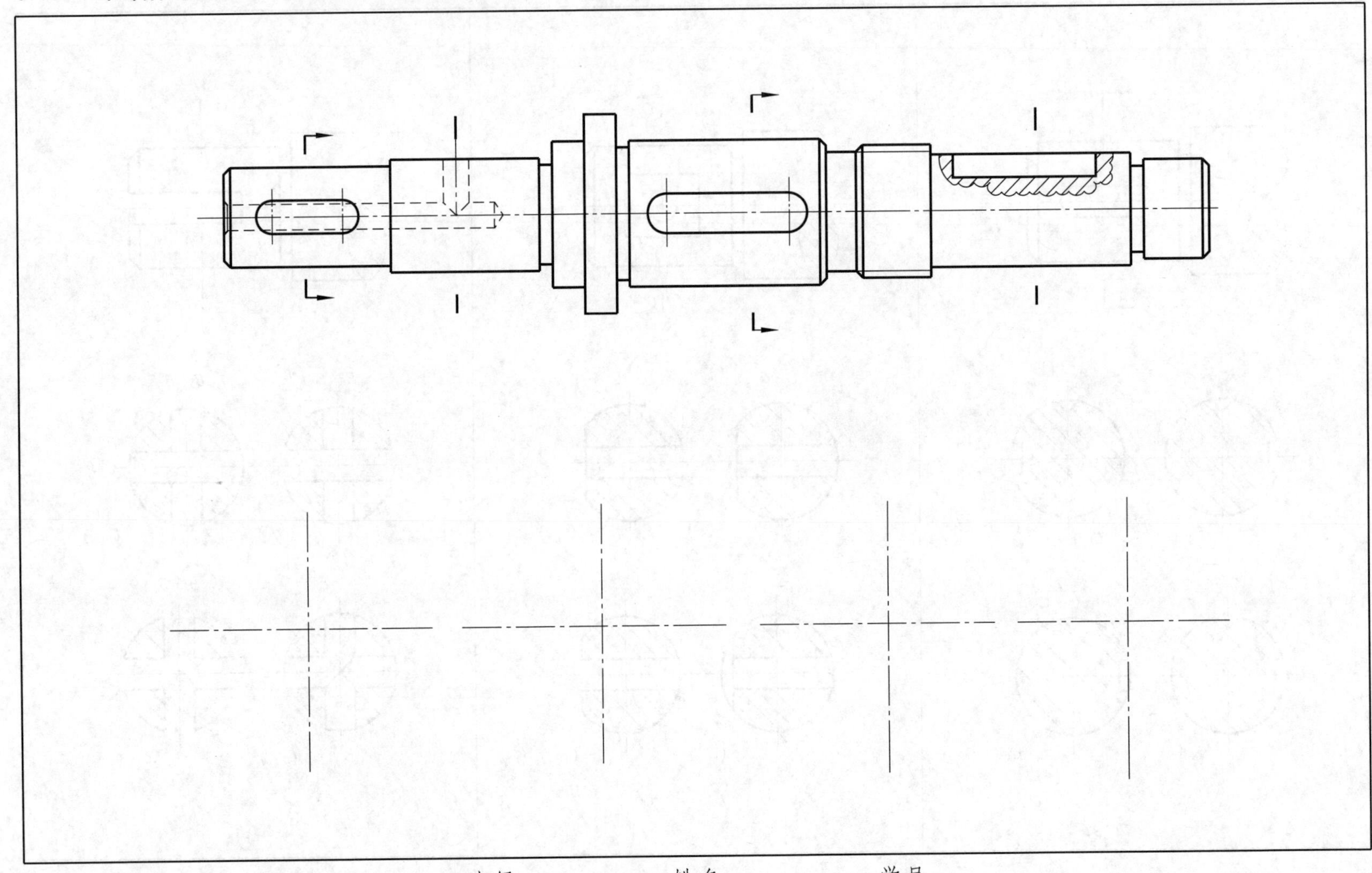

班级　　　　姓名　　　　学号

6-16 重合断面和移出断面图

1. 在连杆的俯视图中部指定位置画重合断面图。

2. 在连杆的俯视图下方给定位置画移出断面图。

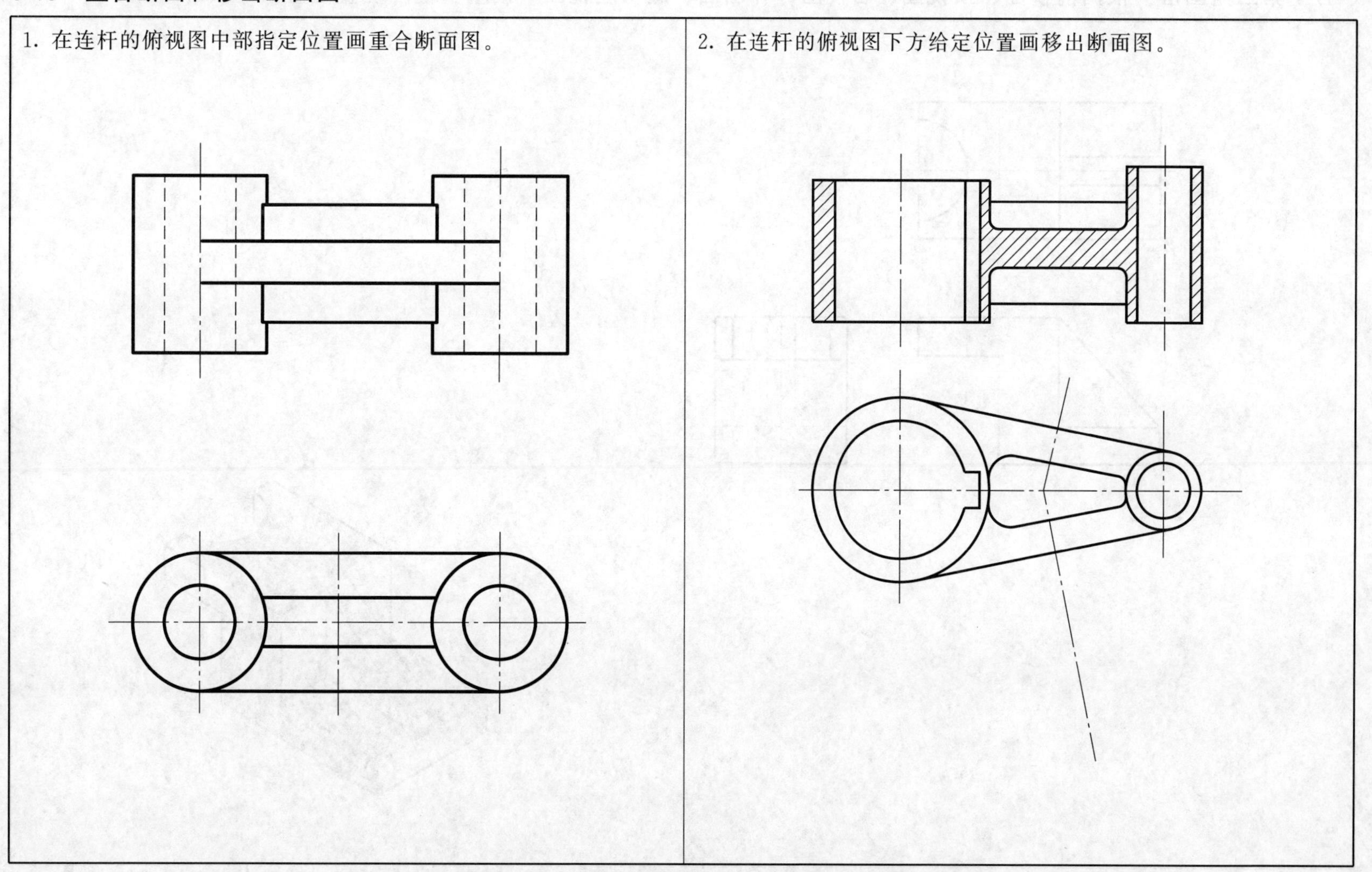

班级　　　　姓名　　　　学号

6-17　第三角画法：根据前视图、顶视图、右视图，补画后、底、左视图（按基本视图位置配置）

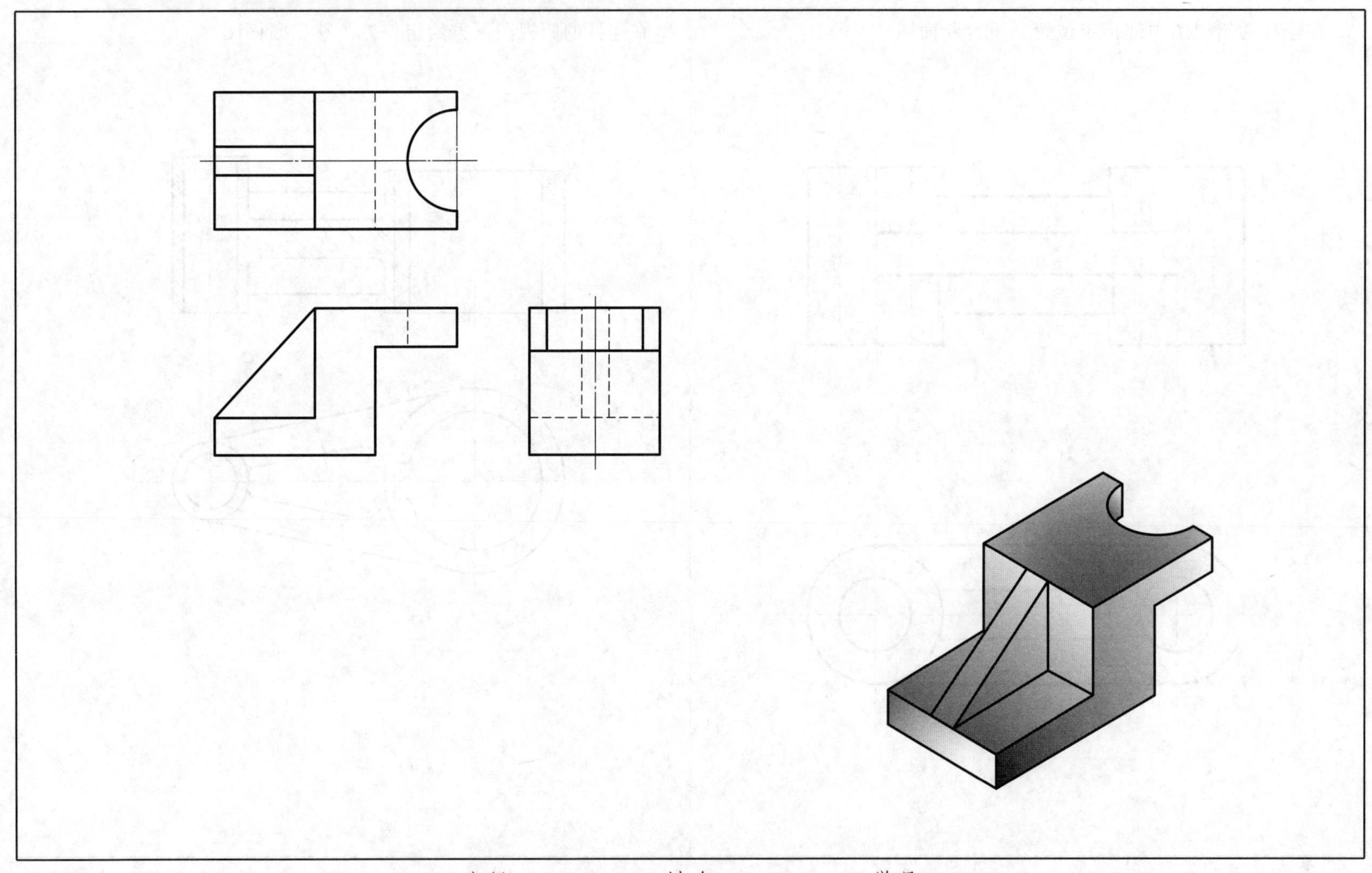

班级　　　　　　姓名　　　　　　学号

第七章　标准件和常用件

7-1　分析下图中螺纹画法的错误，并在下方画出正确的图形

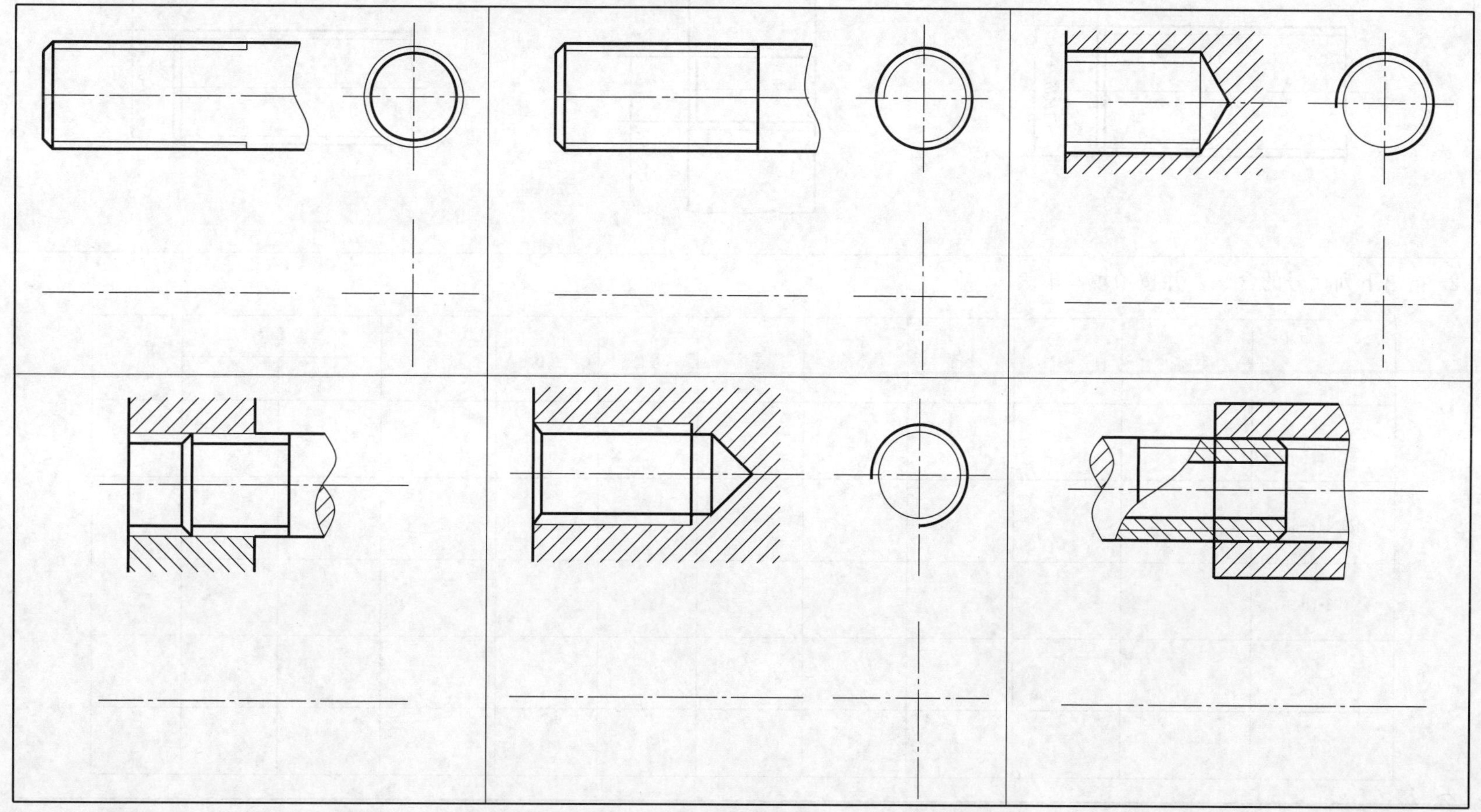

班级　　　　姓名　　　　学号

7-2 螺纹代号及其标注

1. 改正下列螺纹标注的错误。

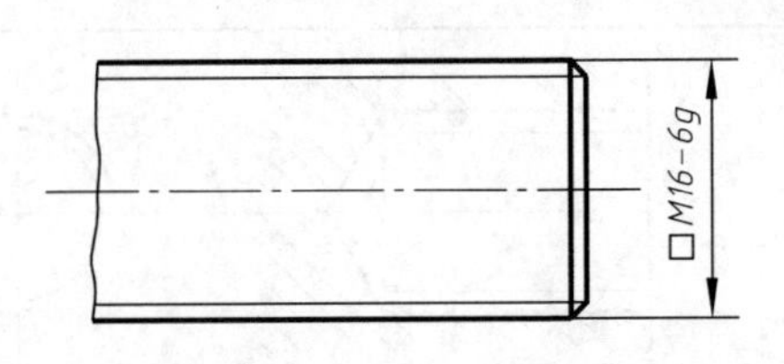

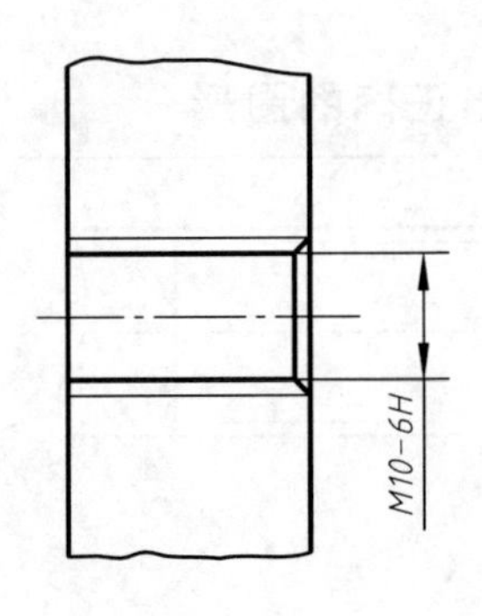

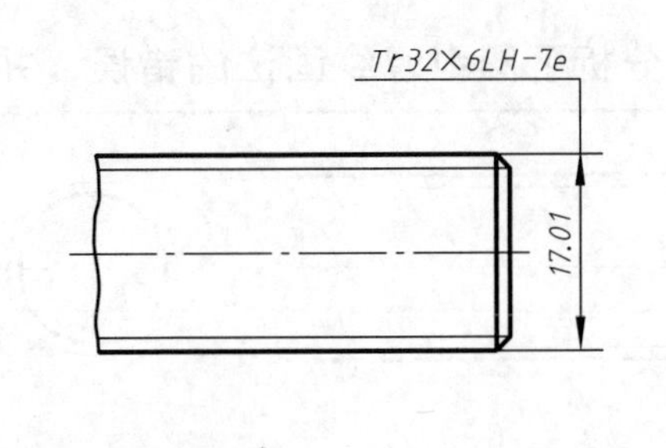

2. 指出下列代号的含义，并按项填写下表。

项目 代号	螺纹名称	内、外螺纹	大径	小径	导程	螺距	线数	旋向	公差带		旋合长度
									中径	顶径	
M24-6g											
M20×1.5-6h											
M16-6H											
$G1\frac{1}{4}$-LH											
$R2\frac{1}{2}$											

班级　　　　姓名　　　　学号

7-3 内外螺纹及其连接画法

1. 完成下列外螺纹制件的三个视图（要求：螺纹长度 30，倒角 C2，比例 1∶1）。

2. 完成下列内螺纹制件的三个图形（要求：螺孔通透，大径 12，左端倒角 C2，比例 1∶1）。

3. 完成内、外螺纹连接的两视图（将一长度为 30 的外螺纹旋入下面内螺纹中。要求：内螺纹大径 14，钻孔深度 32，螺孔深度 25，倒角 C2，外螺纹旋入深度 18，比例 1∶1）。

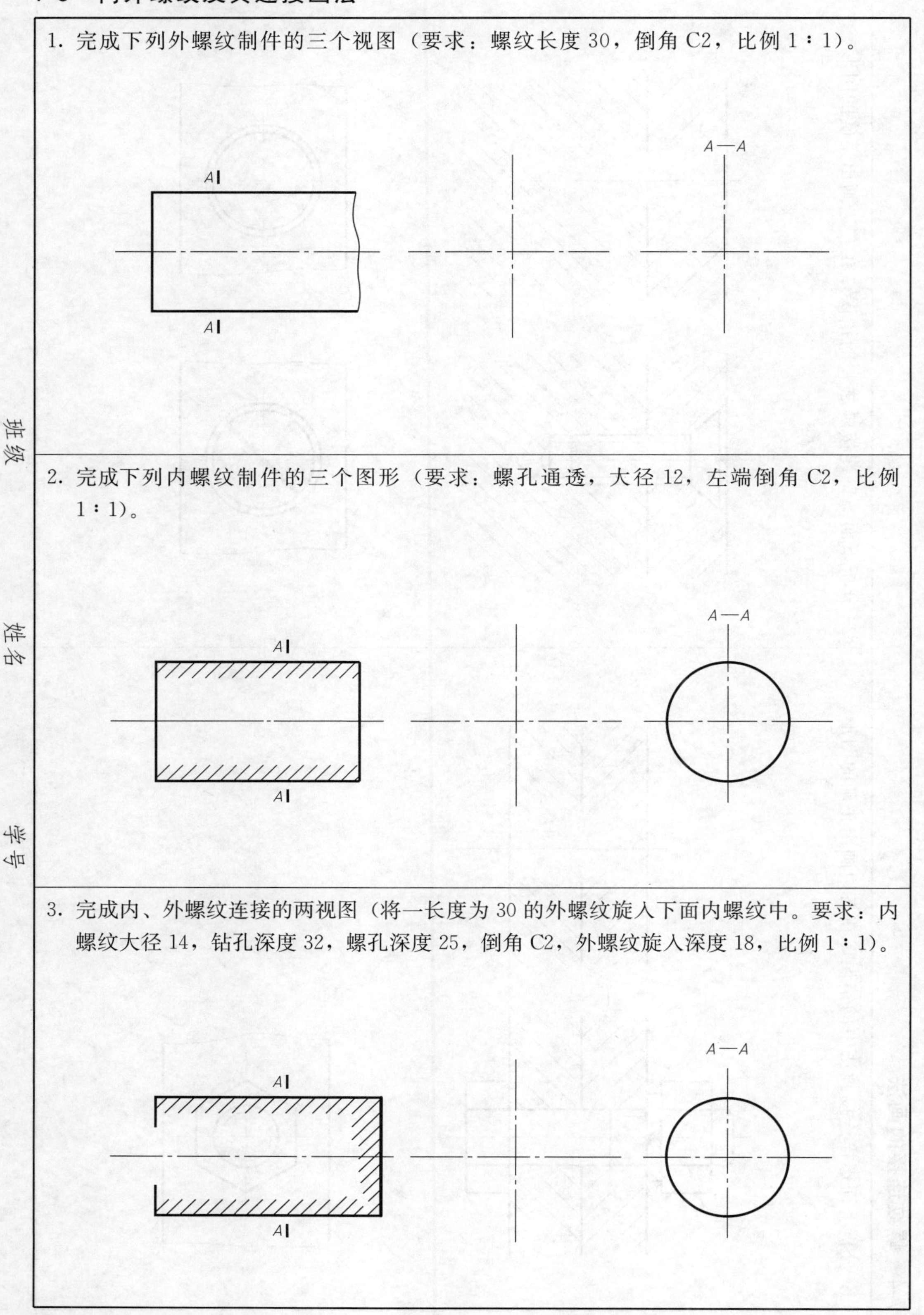

班级　　姓名　　学号

7-4 螺纹连接的画法

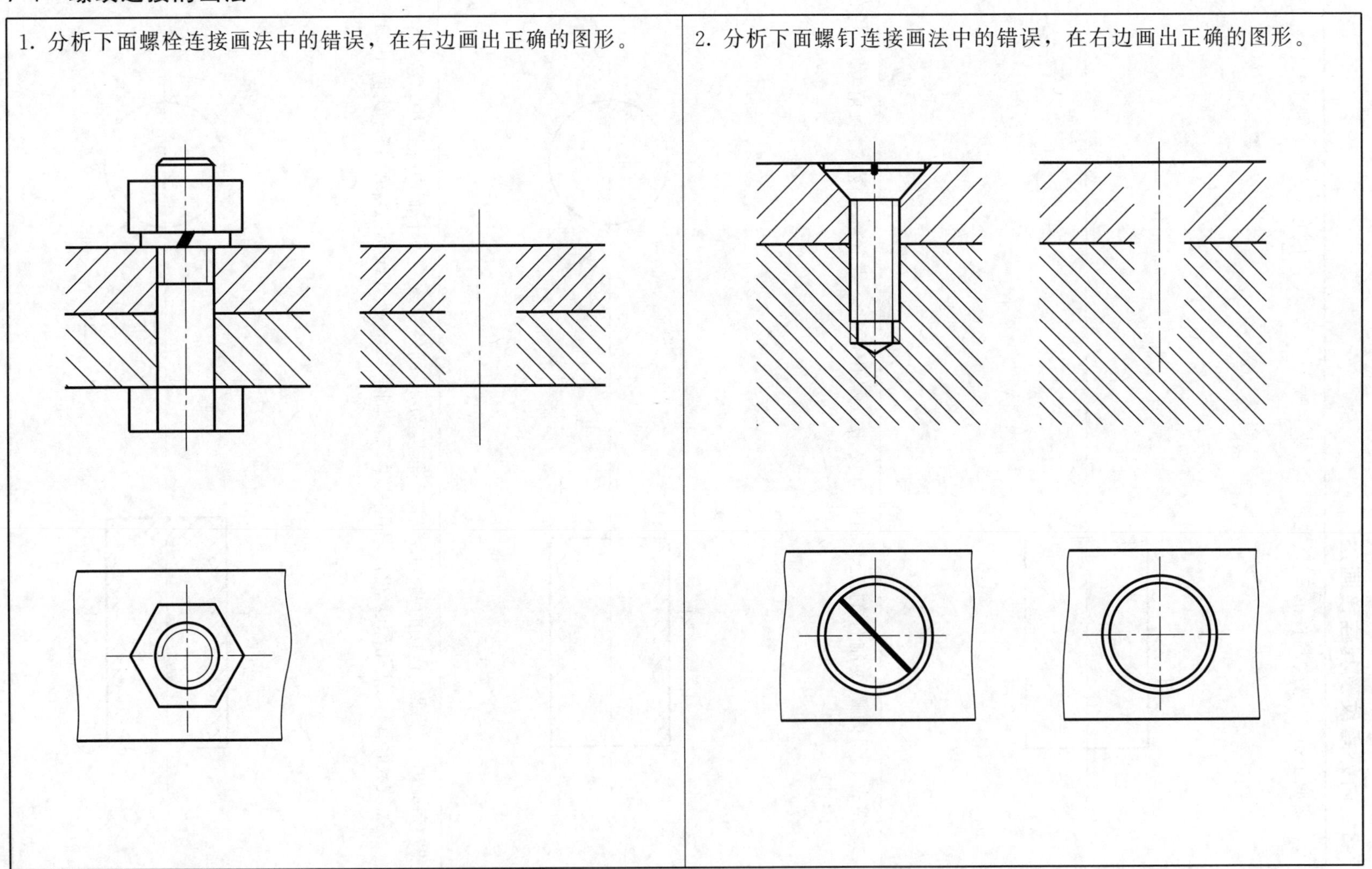

班级　　　　姓名　　　　学号

7-5 分析下列三组机件的连接情况，根据孔径选择合适的螺纹连接件，采用比例画法完成其主、俯两视图

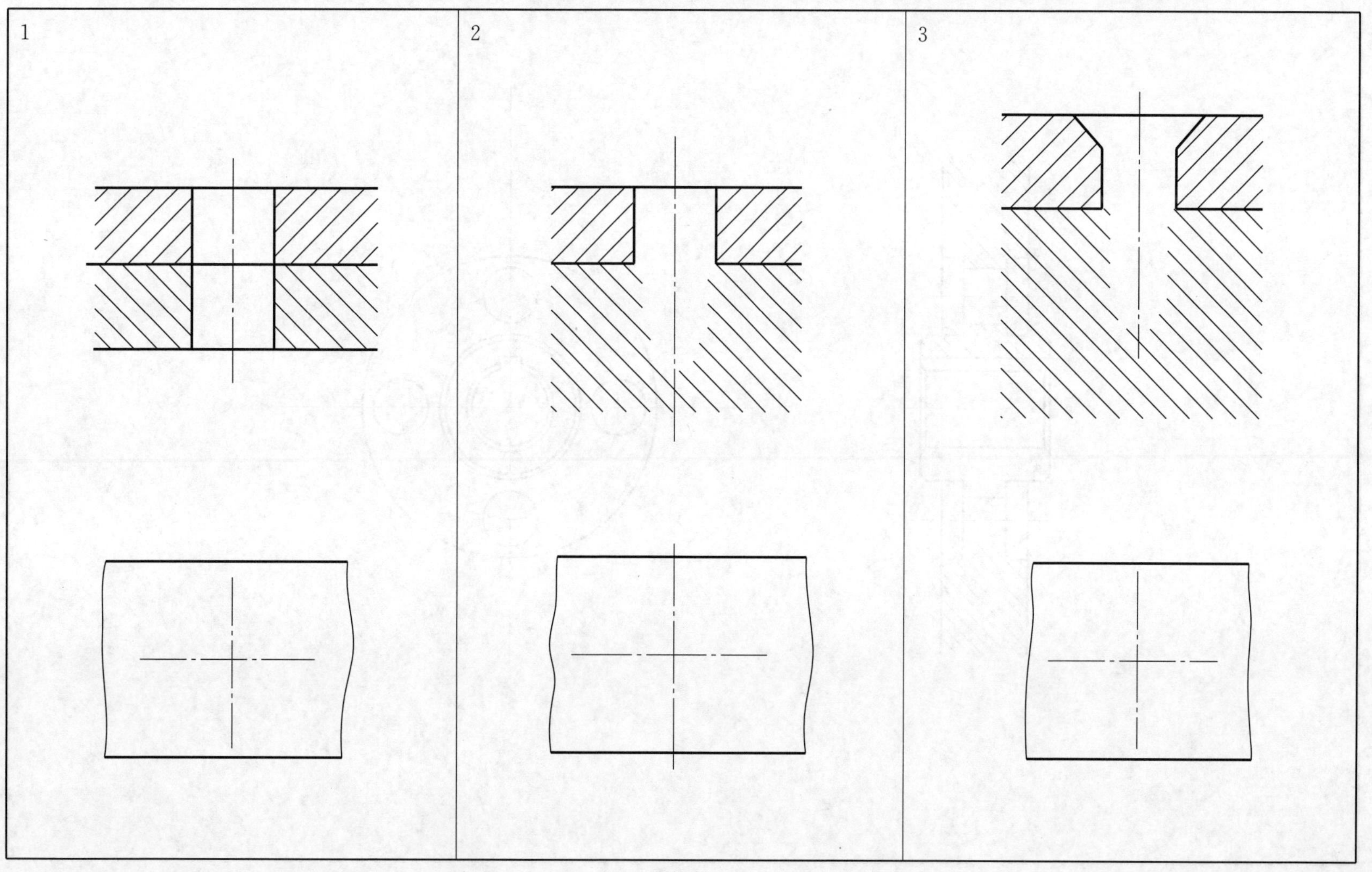

班级　　　　　　姓名　　　　　　学号

7-6 已知直齿圆柱齿轮 $m=5$、$z=40$，轮齿端部倒角 $C2.5$，完成工作图（1∶2），并标注尺寸

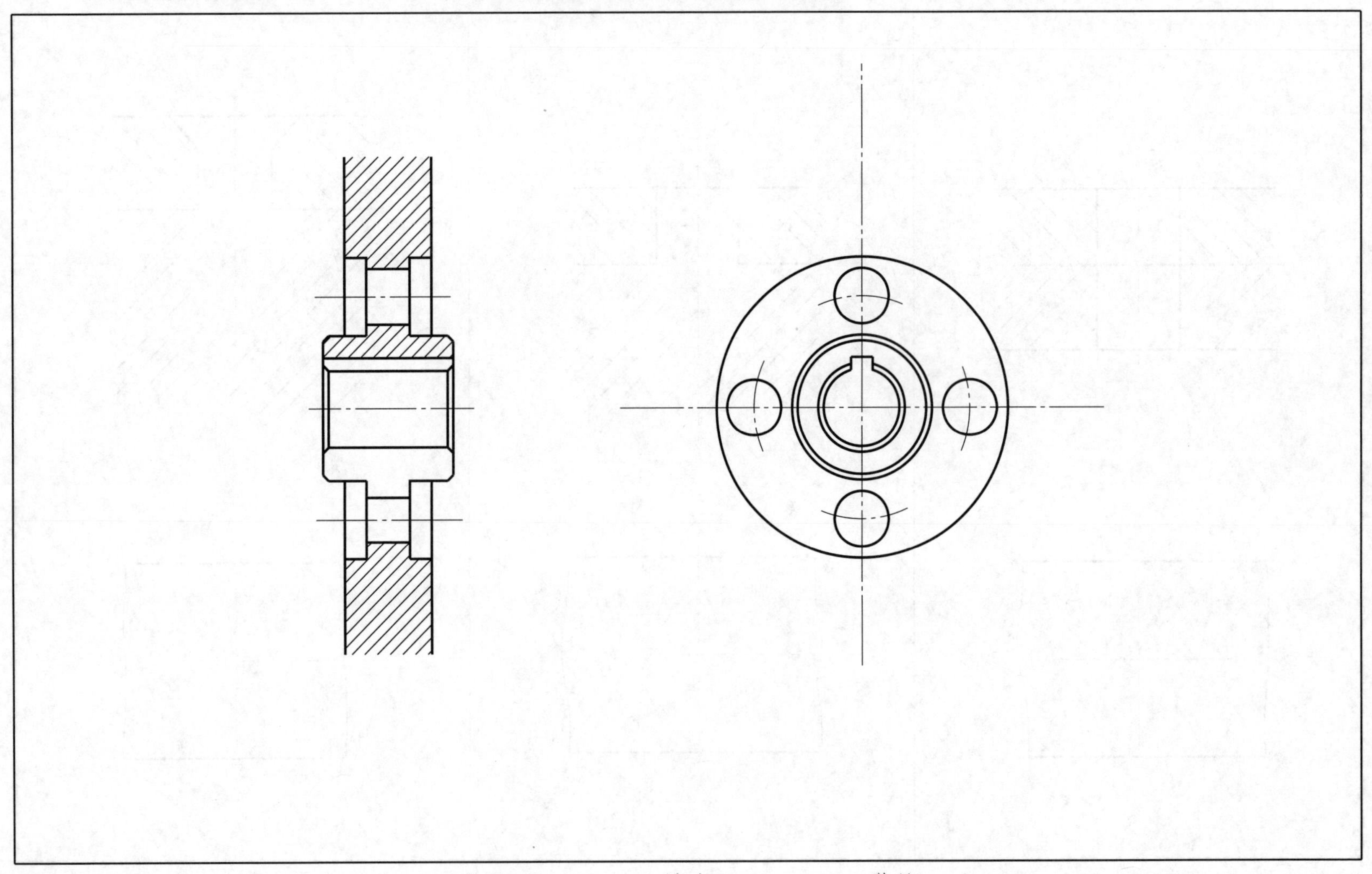

班级　　　　姓名　　　　学号

7-7 已知一对啮合的直齿圆柱齿轮，大齿轮 $m=2$、$z=40$，中心距 $a=61$，轮齿端部倒角均为 $C2$，试计算齿轮各部分的尺寸，并完成啮合图（按 1∶1 比例作图）

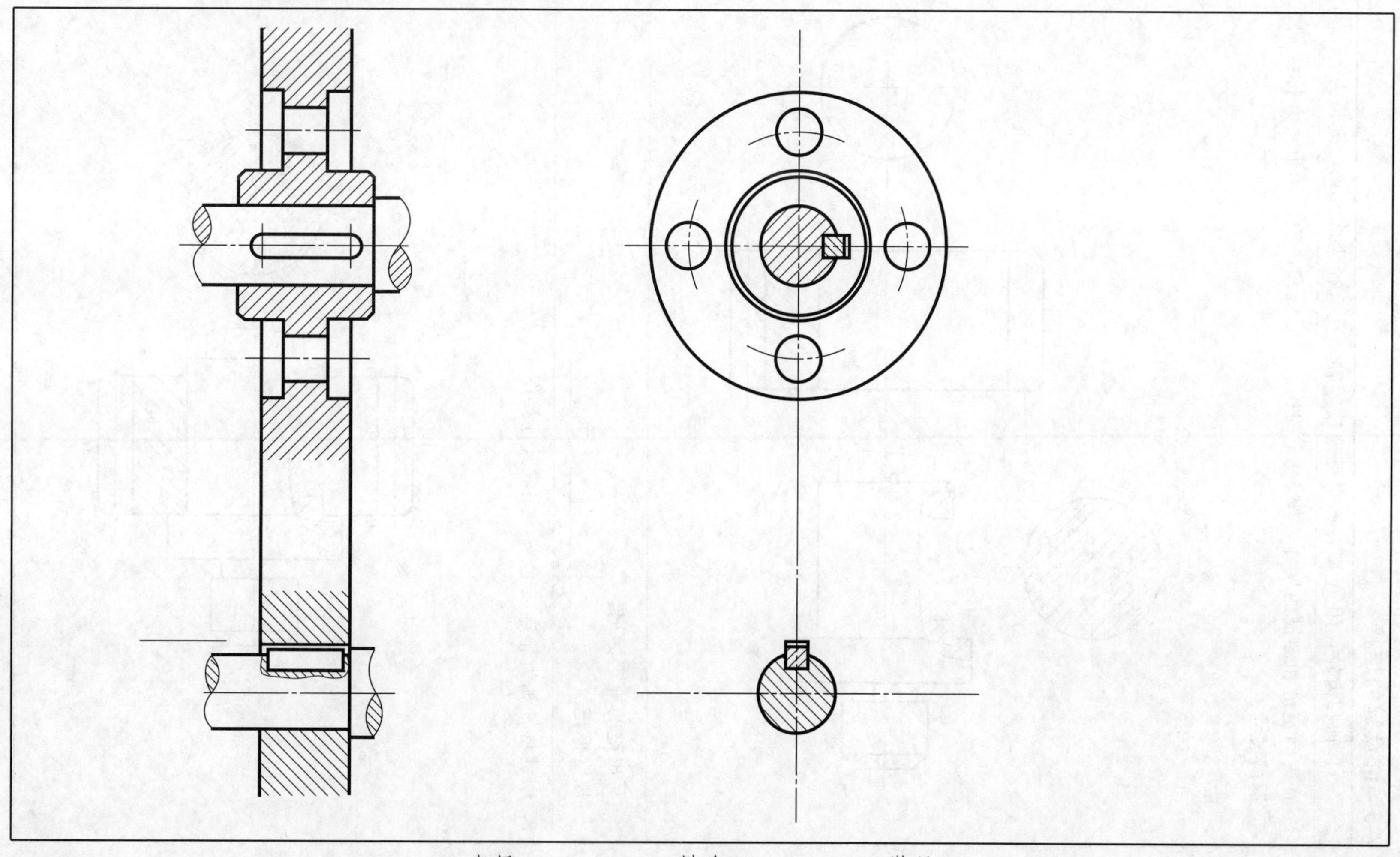

班级　　　　　　姓名　　　　　　学号

7-8 键及键的连接

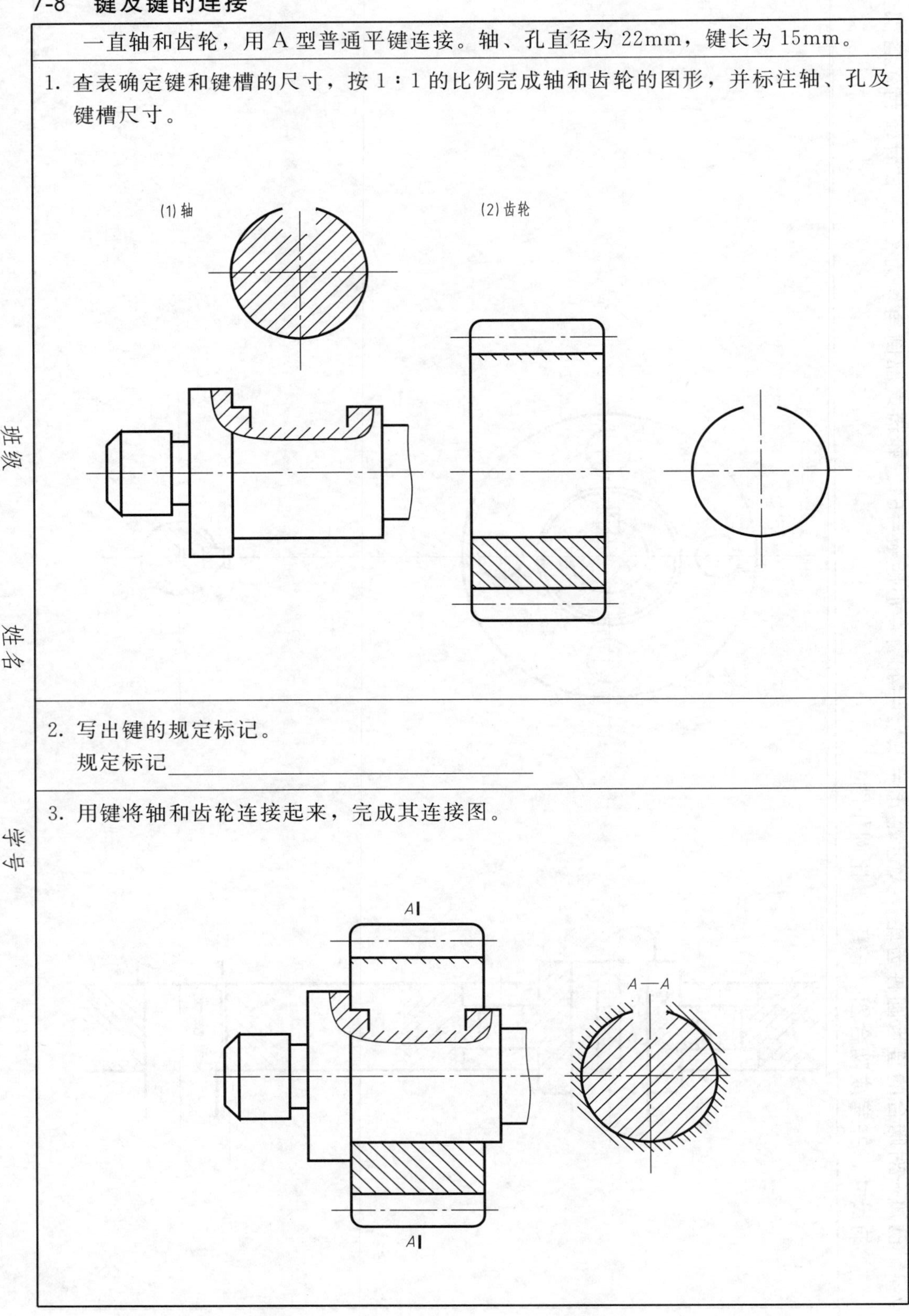

班级　　姓名　　学号

7-9 销连接

1. 齿轮与轴用直径为 10mm 的圆柱销连接，画全销连接的剖视图，比例 1∶1，并写出圆柱销的规定标记。

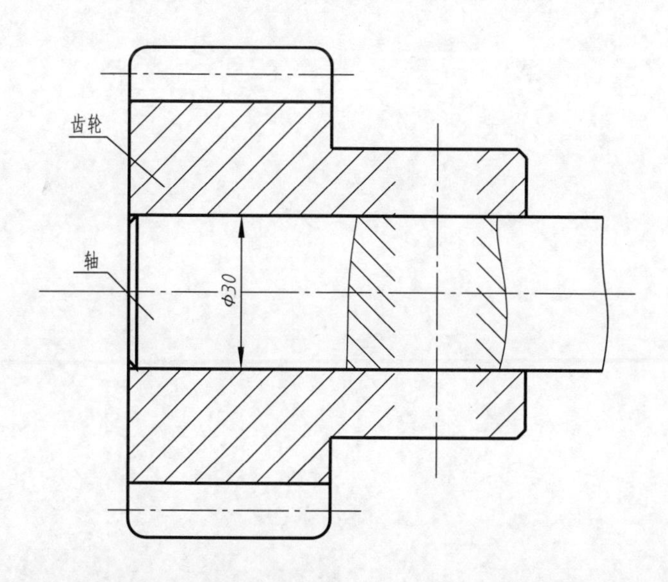

销的规定标记________________

2. 用 1∶1 的比例，画全 d＝6mm、A 型圆柱销连接图，并写出销的标记。

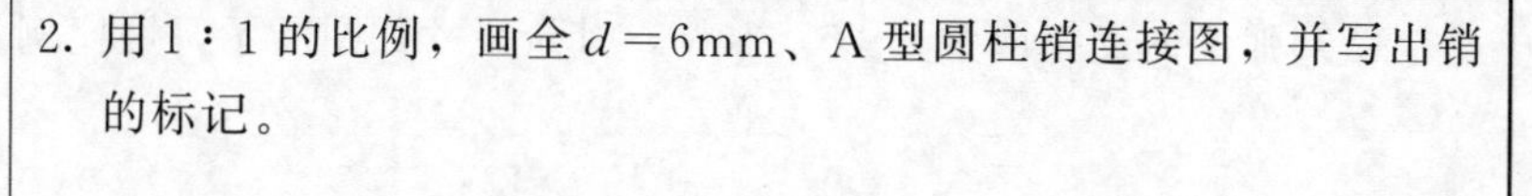

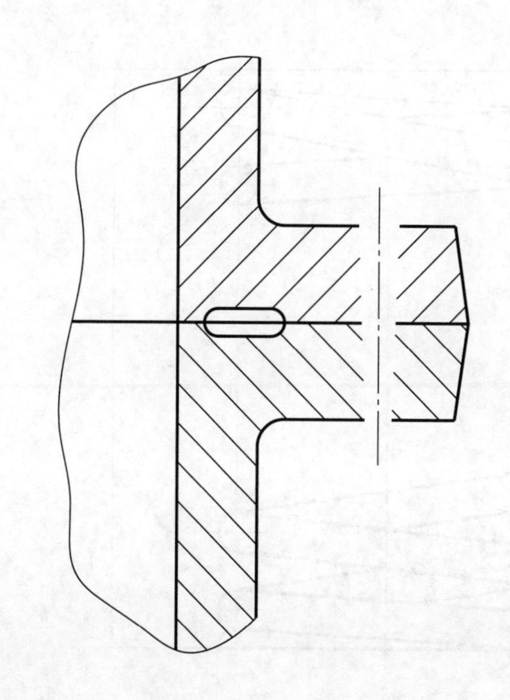

销的规定标记________________

班级　　　　姓名　　　　学号

7-10 弹簧

已知弹簧的支撑圈数为 2.5，右旋，其余尺寸如图所示，用比例 1∶1 在右空白处画出弹簧的全剖视图。

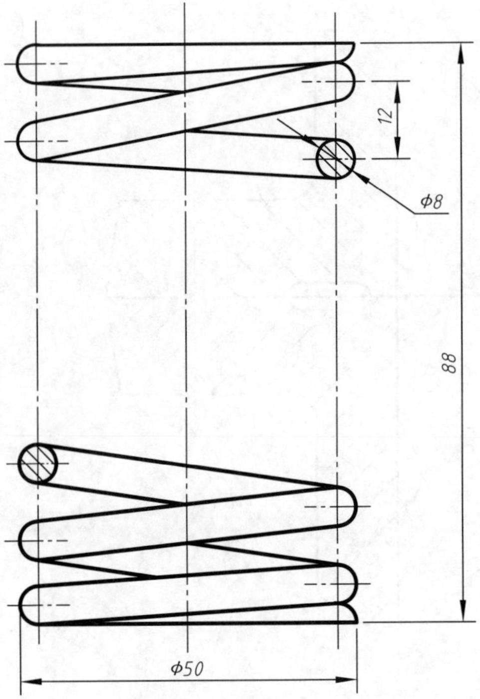

12

Φ8

88

Φ50

班级　　　　　　　　姓名　　　　　　　　学号

第八章　零　件　图

8-1　表面结构

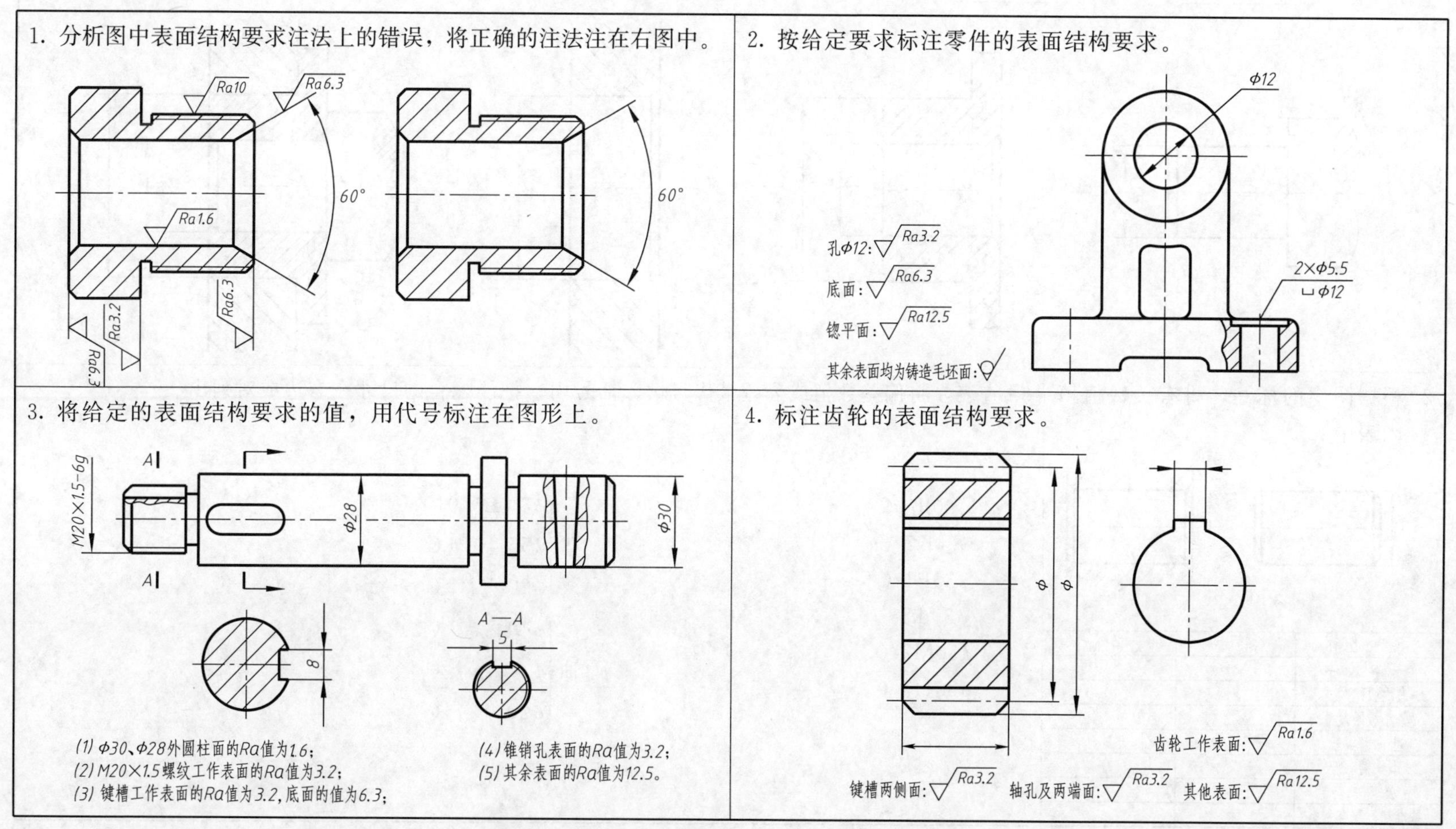

班级　　　　姓名　　　　学号

8-2 极限与配合

1. 根据配合代号查表，在给定的图上作相应的标注（轴 ϕ15f6；套 ϕ15H7、ϕ30n6；孔 ϕ30H6），并说明配合种类。

ϕ15H7/f6__________ ϕ30H6/n6__________

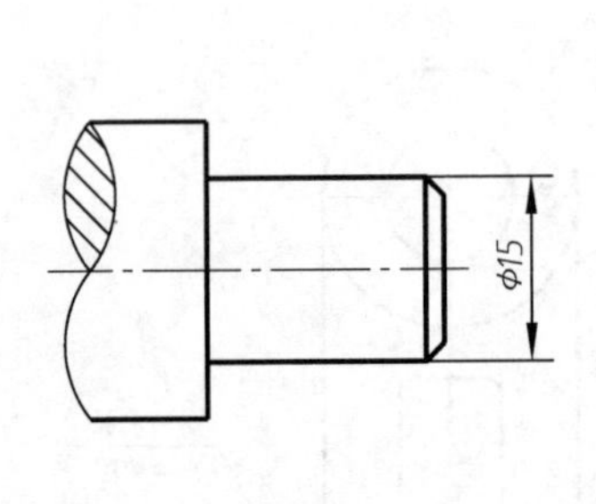

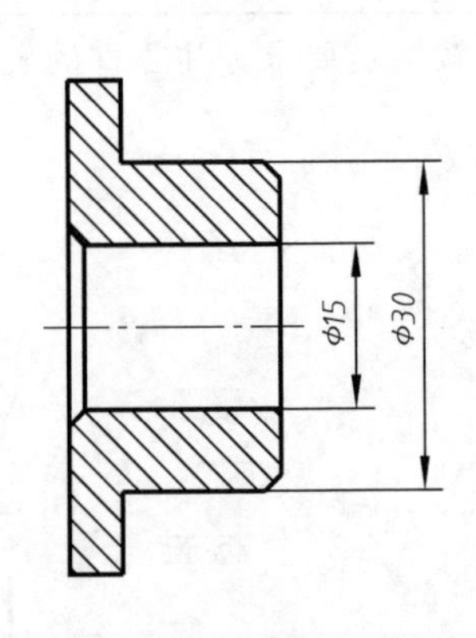

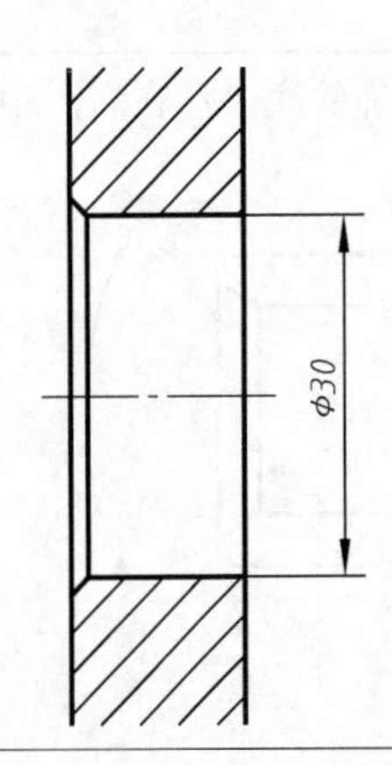

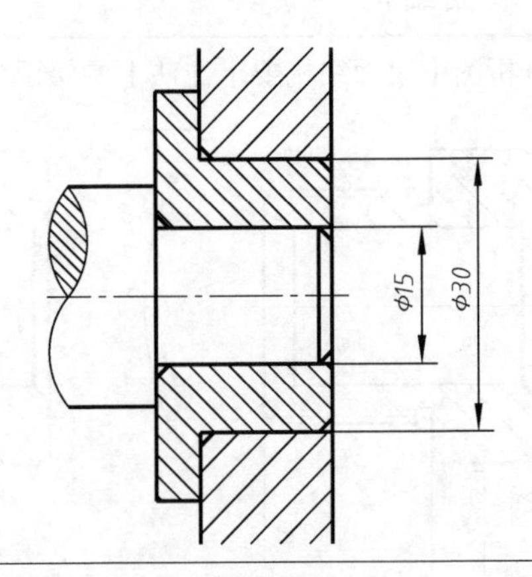

2. 根据图中的标注，将有关数值填入表中。

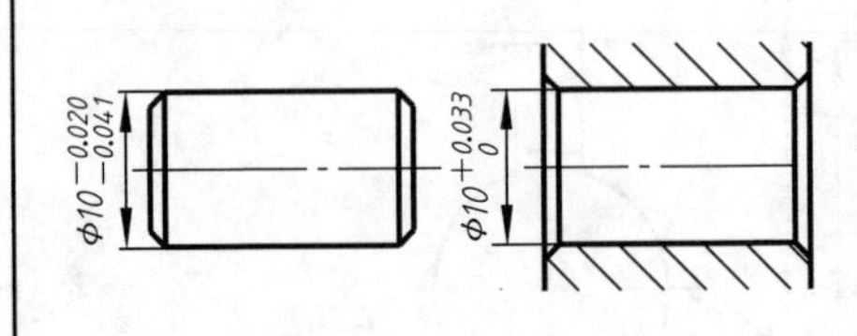

尺寸名称	孔/mm	轴/mm
基本尺寸		
最大极限尺寸		
最小极限尺寸		
上偏差		
下偏差		
公差		
基准制、配合种类		

3. 查表，将偏差数值或公差带代号填入括号内，把能配合的尺寸在右边成对列出。

ϕ30h7（　　　　　）

ϕ30js7（　　　　　）

ϕ30P6（　　　　　）

ϕ30d8（　　　　　）

ϕ30M7（　　　　　）

ϕ30H7（　　　　　）

孔
- $\phi 30 \pm 0.010$（　　　　　）
- $\phi 55^{+0.019}_{0}$（　　　　　）
- $\phi 20^{+0.006}_{-0.015}$（　　　　　）

轴
- $\phi 40^{0}_{-0.016}$（　　　　　）
- $\phi 30^{+0.015}_{+0.002}$（　　　　　）
- $\phi 20^{-0.020}_{-0.041}$（　　　　　）

班级　　　　　　姓名　　　　　　学号

8-3 形位公差

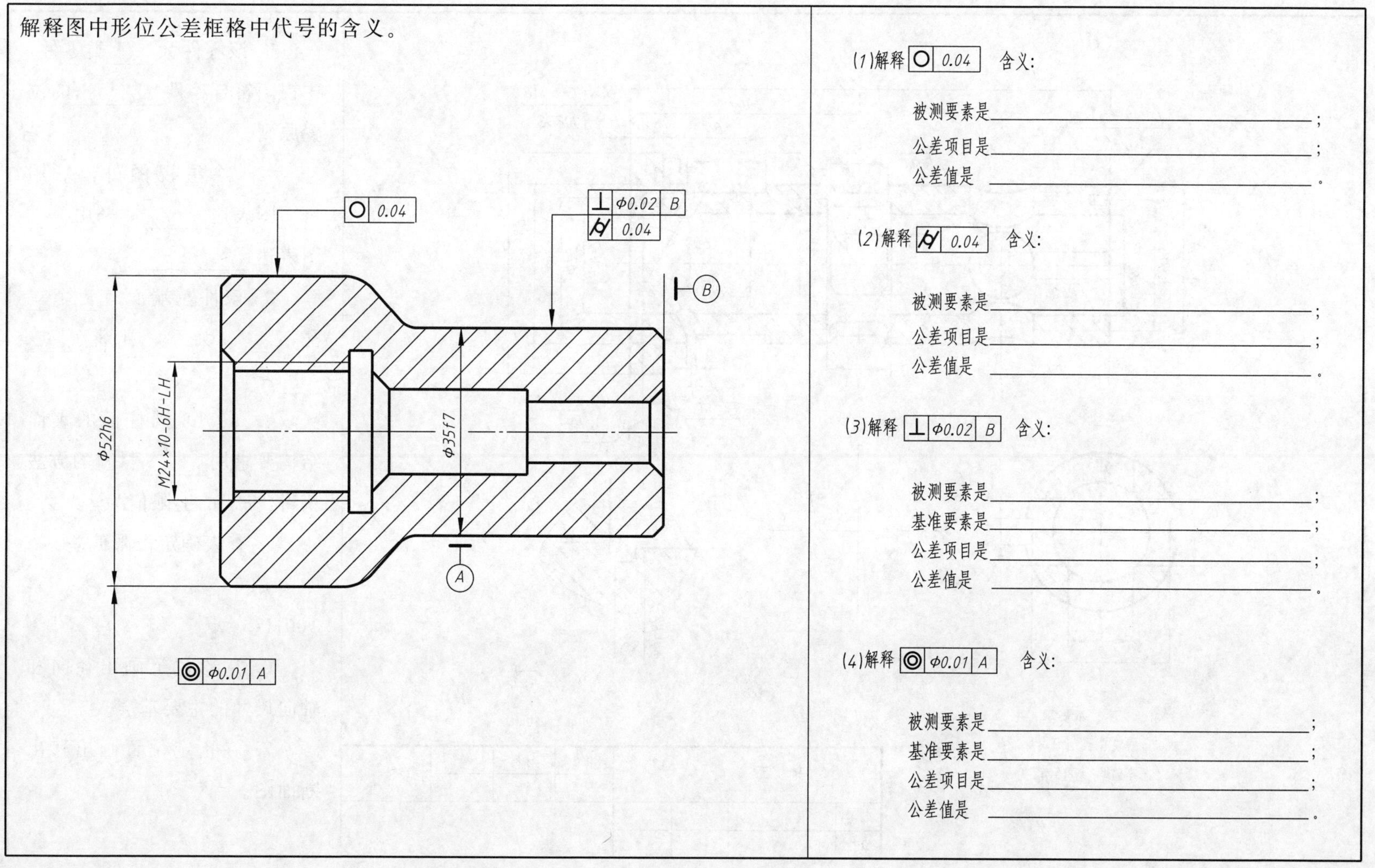

解释图中形位公差框格中代号的含义。

(1)解释 ○ 0.04 含义:

被测要素是________________;

公差项目是________________;

公差值是________________。

(2)解释 ⌭ 0.04 含义:

被测要素是________________;

公差项目是________________;

公差值是________________。

(3)解释 ⊥ Φ0.02 B 含义:

被测要素是________________;

基准要素是________________;

公差项目是________________;

公差值是________________。

(4)解释 ◎ Φ0.01 A 含义:

被测要素是________________;

基准要素是________________;

公差项目是________________;

公差值是________________。

班级　　　　姓名　　　　学号

8-4 读轴套零件图，并回答问题

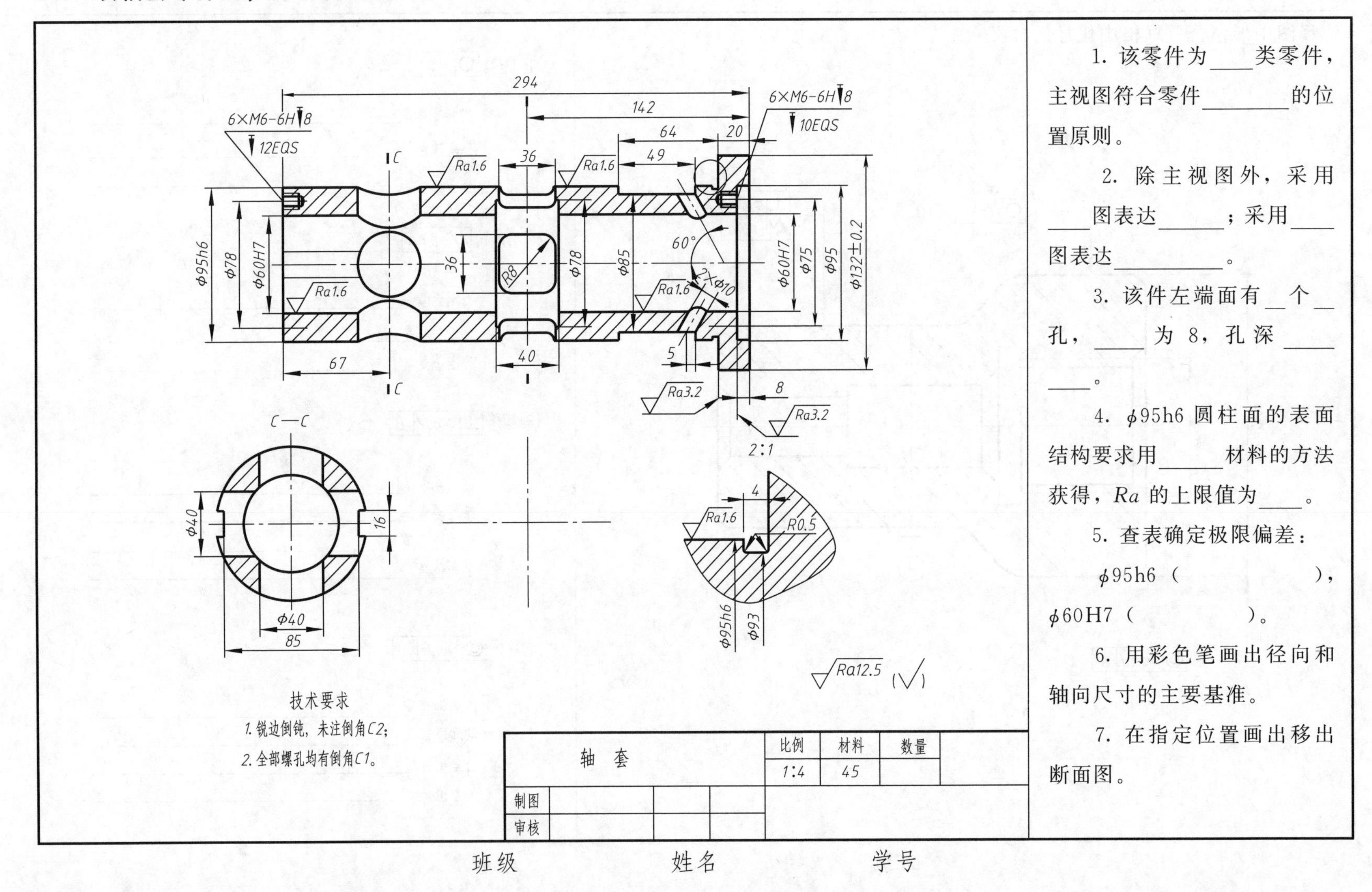

1. 该零件为____类零件，主视图符合零件________的位置原则。

2. 除主视图外，采用____图表达______；采用____图表达__________。

3. 该件左端面有__个__孔，_____为 8，孔深_________。

4. ϕ95h6 圆柱面的表面结构要求用______材料的方法获得，Ra 的上限值为____。

5. 查表确定极限偏差：

ϕ95h6（　　　　　　），ϕ60H7（　　　　　　）。

6. 用彩色笔画出径向和轴向尺寸的主要基准。

7. 在指定位置画出移出断面图。

班级　　　　　　姓名　　　　　　学号

8-5 读零件图，并回答问题

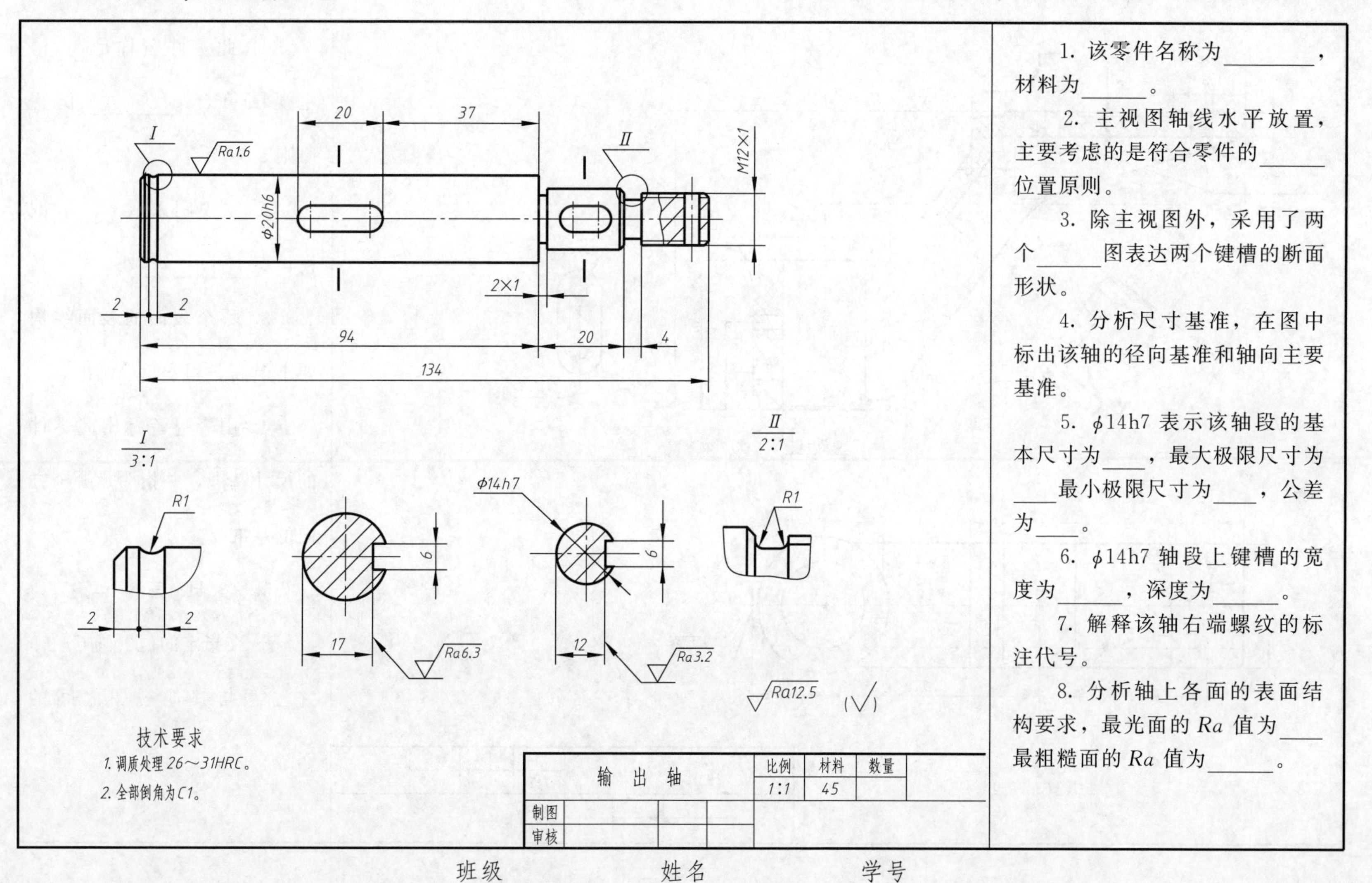

1. 该零件名称为________，材料为______。

2. 主视图轴线水平放置，主要考虑的是符合零件的______位置原则。

3. 除主视图外，采用了两个______图表达两个键槽的断面形状。

4. 分析尺寸基准，在图中标出该轴的径向基准和轴向主要基准。

5. ϕ14h7 表示该轴段的基本尺寸为____，最大极限尺寸为____最小极限尺寸为____，公差为____。

6. ϕ14h7 轴段上键槽的宽度为______，深度为______。

7. 解释该轴右端螺纹的标注代号。

8. 分析轴上各面的表面结构要求，最光面的 Ra 值为____最粗糙面的 Ra 值为______。

8-6 读托架零件图，并回答问题

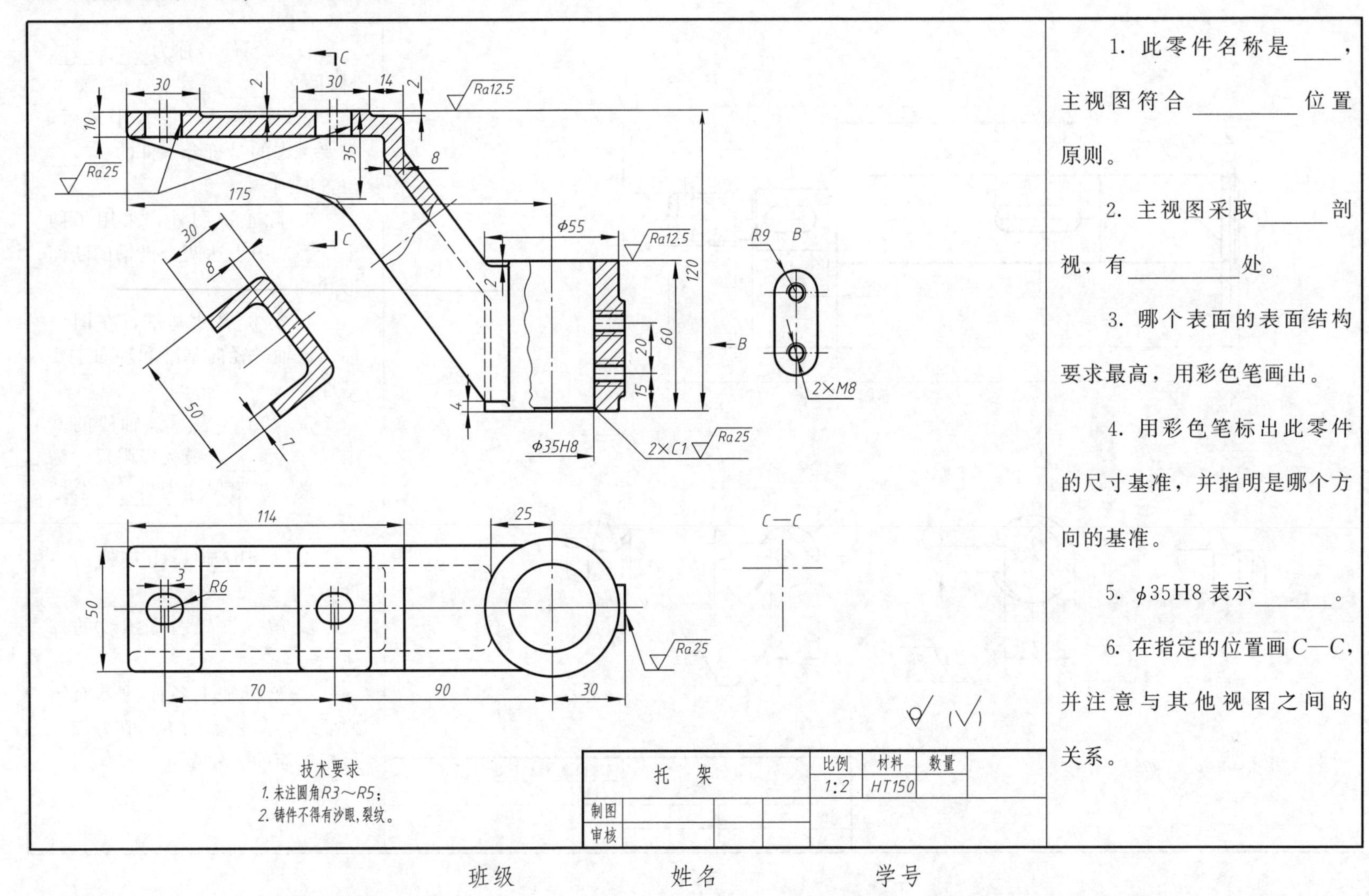

1. 此零件名称是____，主视图符合________位置原则。

2. 主视图采取______剖视，有__________处。

3. 哪个表面的表面结构要求最高，用彩色笔画出。

4. 用彩色笔标出此零件的尺寸基准，并指明是哪个方向的基准。

5. ϕ35H8 表示_______。

6. 在指定的位置画 $C—C$，并注意与其他视图之间的关系。

班级　　　姓名　　　学号

8-7 读管板零件图，并回答问题

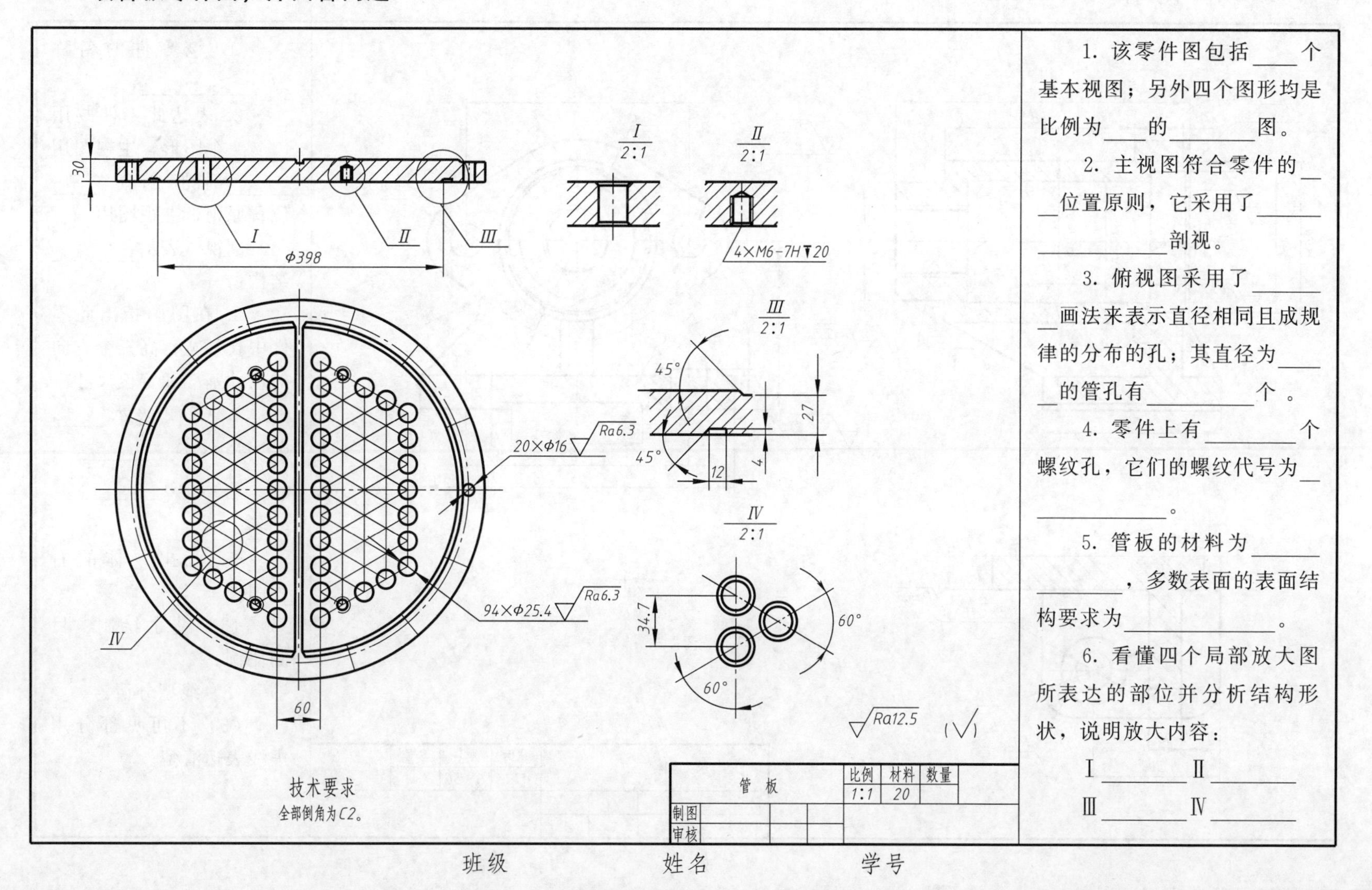

1. 该零件图包括____个基本视图；另外四个图形均是比例为____的________图。

2. 主视图符合零件的____位置原则，它采用了________剖视。

3. 俯视图采用了________画法来表示直径相同且成规律的分布的孔；其直径为____的管孔有________个。

4. 零件上有________个螺纹孔，它们的螺纹代号为____________。

5. 管板的材料为________，多数表面的表面结构要求为____________。

6. 看懂四个局部放大图所表达的部位并分析结构形状，说明放大内容：

Ⅰ________ Ⅱ________

Ⅲ________ Ⅳ________

班级　　　　姓名　　　　学号

8-8 读泵体零件图，并回答问题

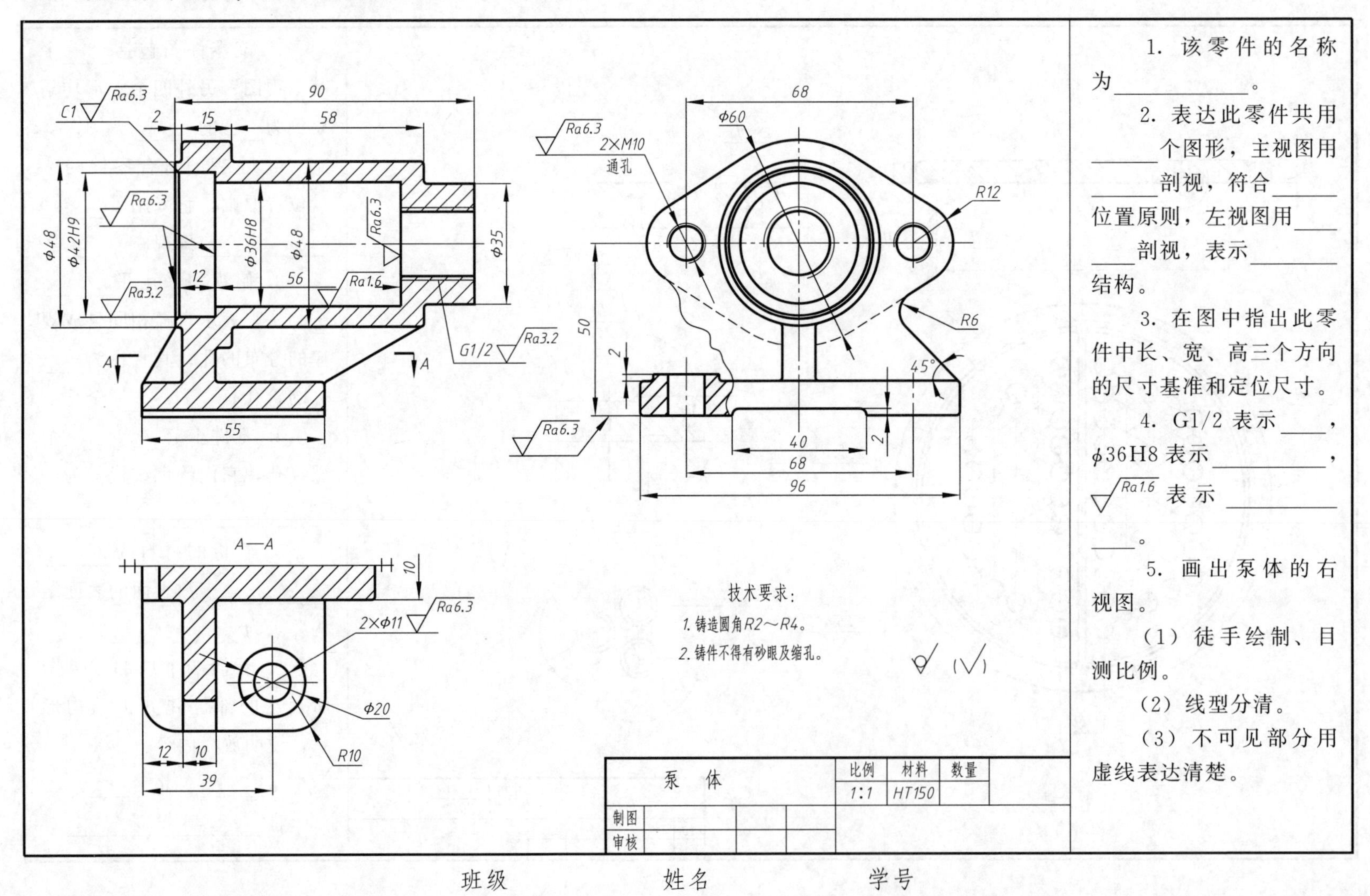

1. 该零件的名称为＿＿＿＿＿＿。

2. 表达此零件共用＿＿＿个图形，主视图用＿＿＿剖视，符合＿＿＿＿位置原则，左视图用＿＿＿＿剖视，表示＿＿＿＿＿结构。

3. 在图中指出此零件中长、宽、高三个方向的尺寸基准和定位尺寸。

4. G1/2 表示＿＿＿，ϕ36H8 表示＿＿＿＿＿＿，Ra1.6 表示＿＿＿＿＿＿＿＿。

5. 画出泵体的右视图。

（1）徒手绘制、目测比例。

（2）线型分清。

（3）不可见部分用虚线表达清楚。

班级　　　　　　姓名　　　　　　学号

第九章　装　配　图

9-1　拼画装配图

拼画回油阀

一、作业的目的

熟悉装配体中零件的装配关系和装拆顺序，培养学生由零件图拼画装配图的能力。

二、内容与要求

1. 根据回油阀零件图上的尺寸，按 1∶1 拼画装配图。

2. 恰当地确定回油阀的表达方案，清晰地表达回油阀的工作原理、装配关系及零件的主要结构形状。

3. 正确地标注装配图上的尺寸和技术要求。

4. 先画装配草图，然后再画装配图。

三、注意事项

1. 仔细阅读每张零件图，想出零件的结构形状。参阅回油阀装配示意图，弄清楚回油阀的工作原理、各零件的装配关系和零件的作用。

2. 选定回油阀的表达方案后，要先画主体零件，然后按一定顺序拼画装配图。注意正确运用装配图的规定画法、特殊表达方法和简化画法。

3. 注意装配结构的合理性以及相关零件间尺寸的协调关系。

4. 标注必要的尺寸，编写零件序号、填写明细栏、标题栏和技术要求。

5. 明细栏衔接在标题栏上方。明细栏中的序号应按自下而上顺序排列，并与图上的序号一致。

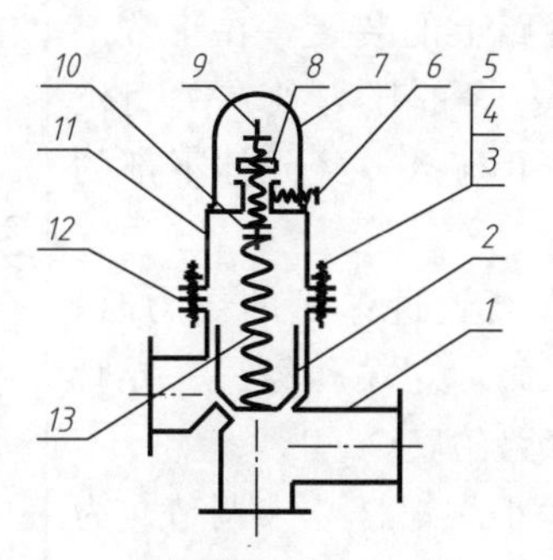

回油阀装配示意图

序号	代号	名称	数量	材料	备注
13		弹簧	1	65Mn	
12		垫片	1	纸板	
11		阀盖	1	ZL102	
10		弹簧垫	1	H62	
9		螺杆	1	35	
8	GB/T6170	螺母M16	1		
7		罩子	1	ZL102	
6	GB/T 75	螺钉M6×16	1		
5	GB/T 97.1	垫圈12	4		
4	GB/T6170	螺母M12	4		
3	GB/T 899	螺柱M12×35	4		
2		阀芯	1	H62	
1		阀体	1	ZL102	

回油阀	比例	材料	数量
	1:1		
制图			
审核			

班级　　　　姓名　　　　学号

9-2　回油阀工作原理和零件图

回油阀的工作原理

回油阀是供油管路上的装置。在正常工作时，阀芯 2 靠弹簧 13 的压力处在关闭位置，此时油从阀体右孔流入，经阀体下部的孔进入导管。

当导管中油压增高超过弹簧的压力时，阀芯被顶开，油就顺阀体左端孔经另一导管流回油箱，以保证管路的安全。

弹簧的压力的大小靠螺杆 9 来调节。为防止螺杆的松动，在螺杆上部用螺母 8 拧紧。罩子 7 用来保护螺杆。阀芯两侧有小圆孔，其作用是使进入阀芯内腔的油流出来。阀芯的内腔底部有螺孔，是供拆卸时用的。阀体 1 与阀盖 11 是用四个螺柱连接，中间有垫片 12 以防漏油。

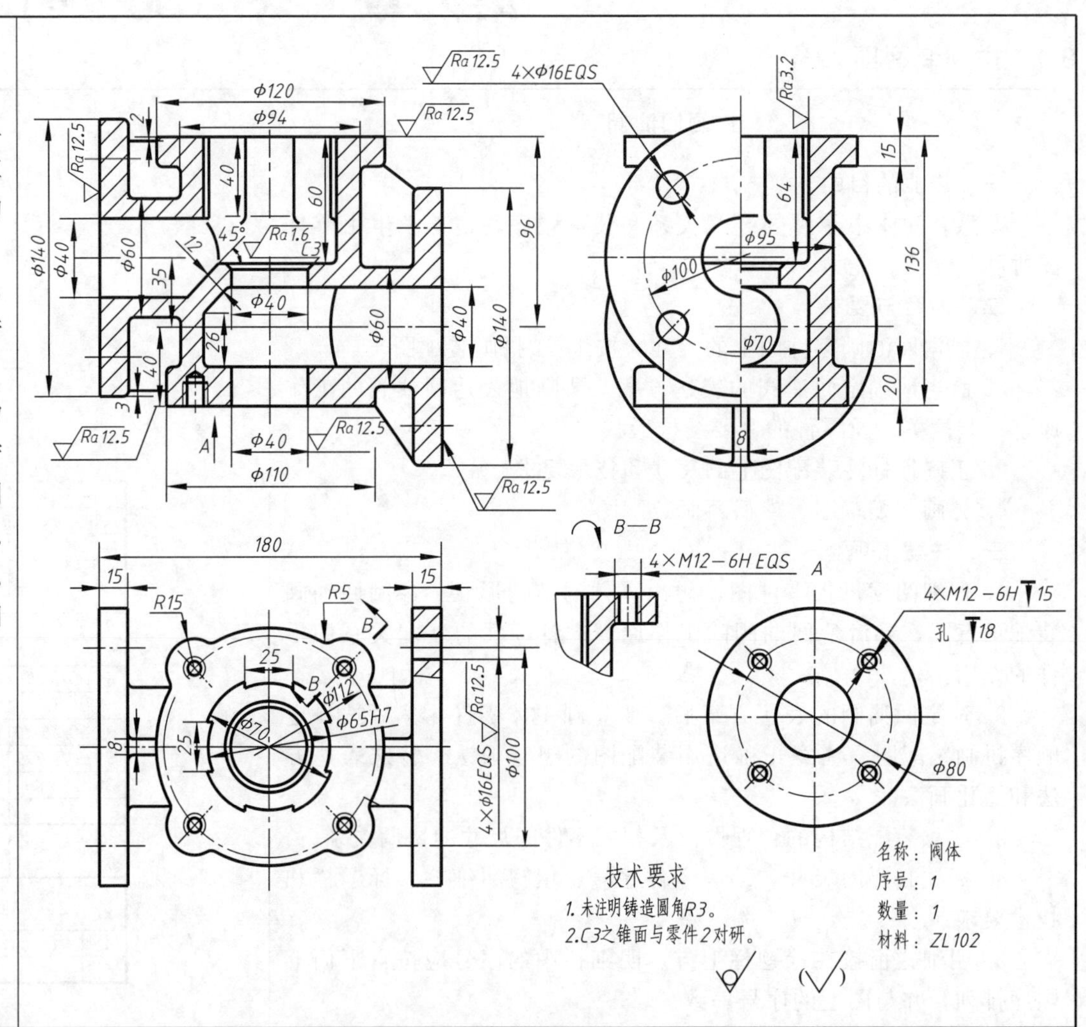

班级　　　　　姓名　　　　　学号

9-3 回油阀零件图

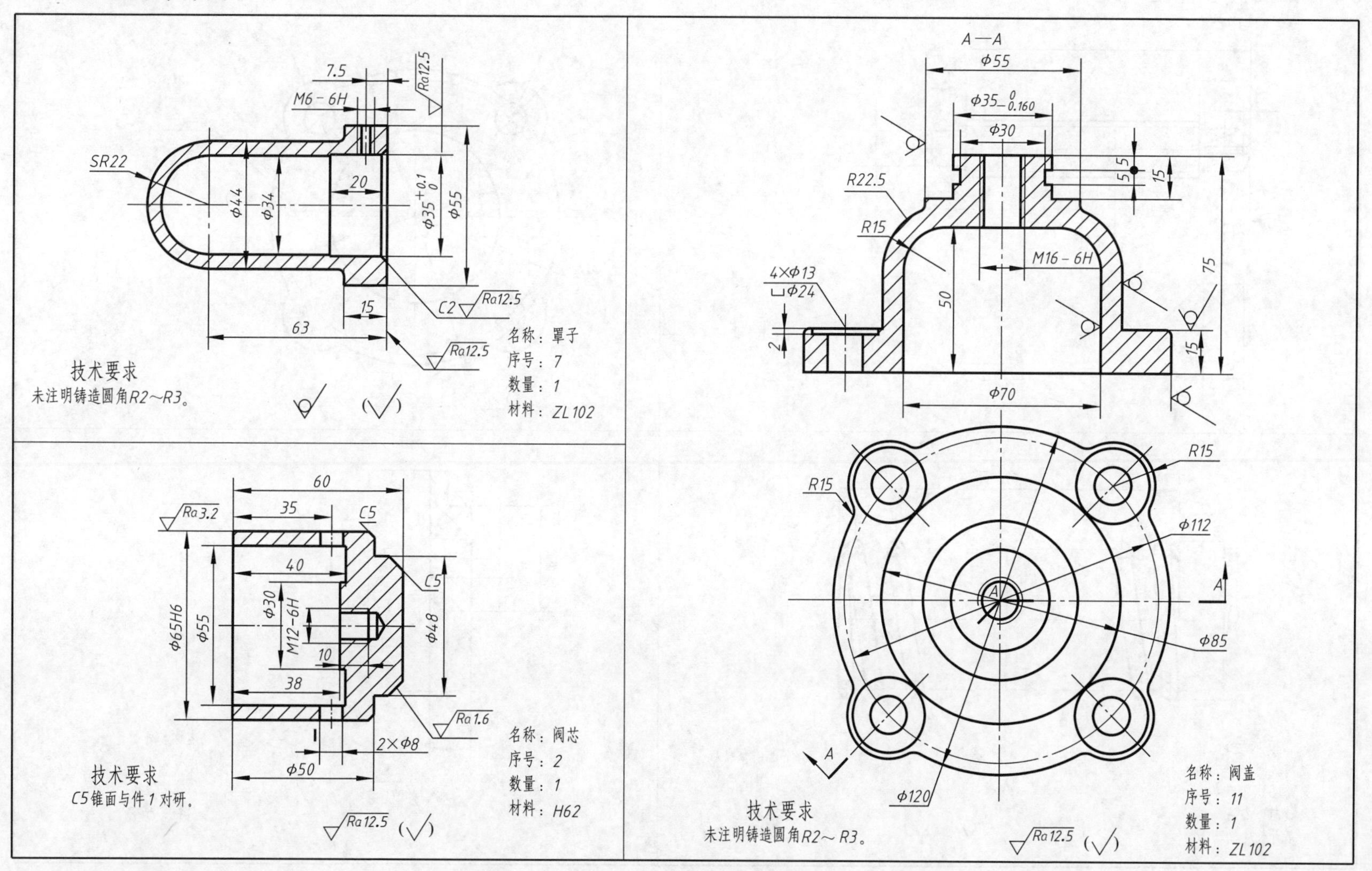

班级　　姓名　　学号

9-3 回油阀零件图（续）

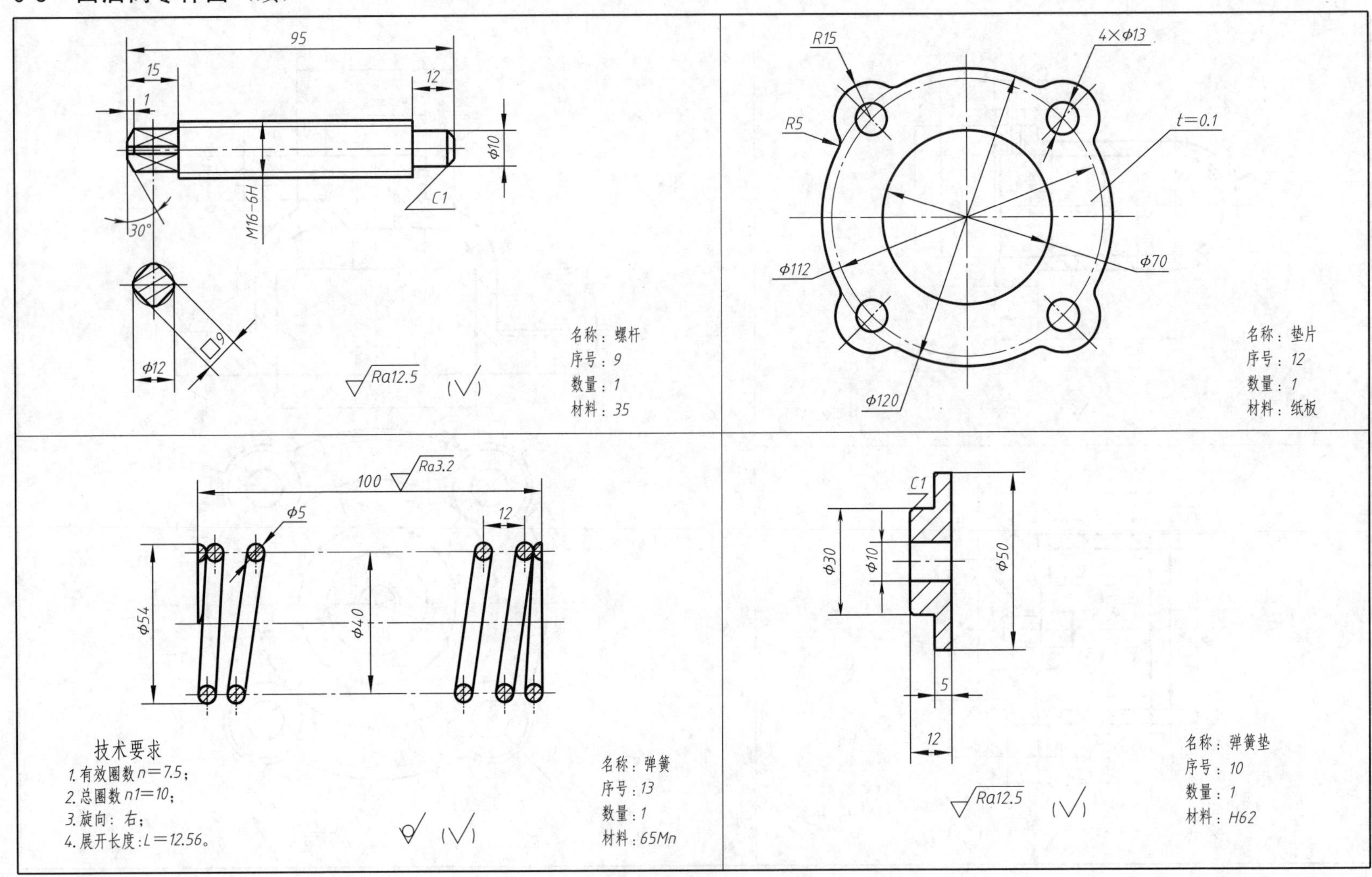

班级　　　　姓名　　　　学号

9-4 读齿轮泵装配图，回答问题

1. 齿轮油泵由________个零件组成，其中标准件有____个。

2. 本装配图由____个图形表达。主视图是采用____剖切面剖切的____剖视图，图的右侧采用了____画法，用于表达不属于油泵的____与油泵的装配关系；左视图采用____画法，并有____处____剖视；主视图下方的____画法，是为了表达螺母______的形状。

3. 齿轮油泵的规格尺寸是____，安装尺寸是____，外形尺寸是____、____；$\phi 16H7/f6$ 表示件____和件____之间是____制配合；G3/8 表示____螺纹，尺寸代号是____。

4. 泵盖 3、泵座 9 与泵体 1 通过____定位、____联结；螺母 11 与泵座 9 通过____联结，螺母压紧填料是为了____。

5. 试述齿轮油泵的拆卸顺序。

6. 拆画泵体 1、主动齿轮轴 6 的零件图。

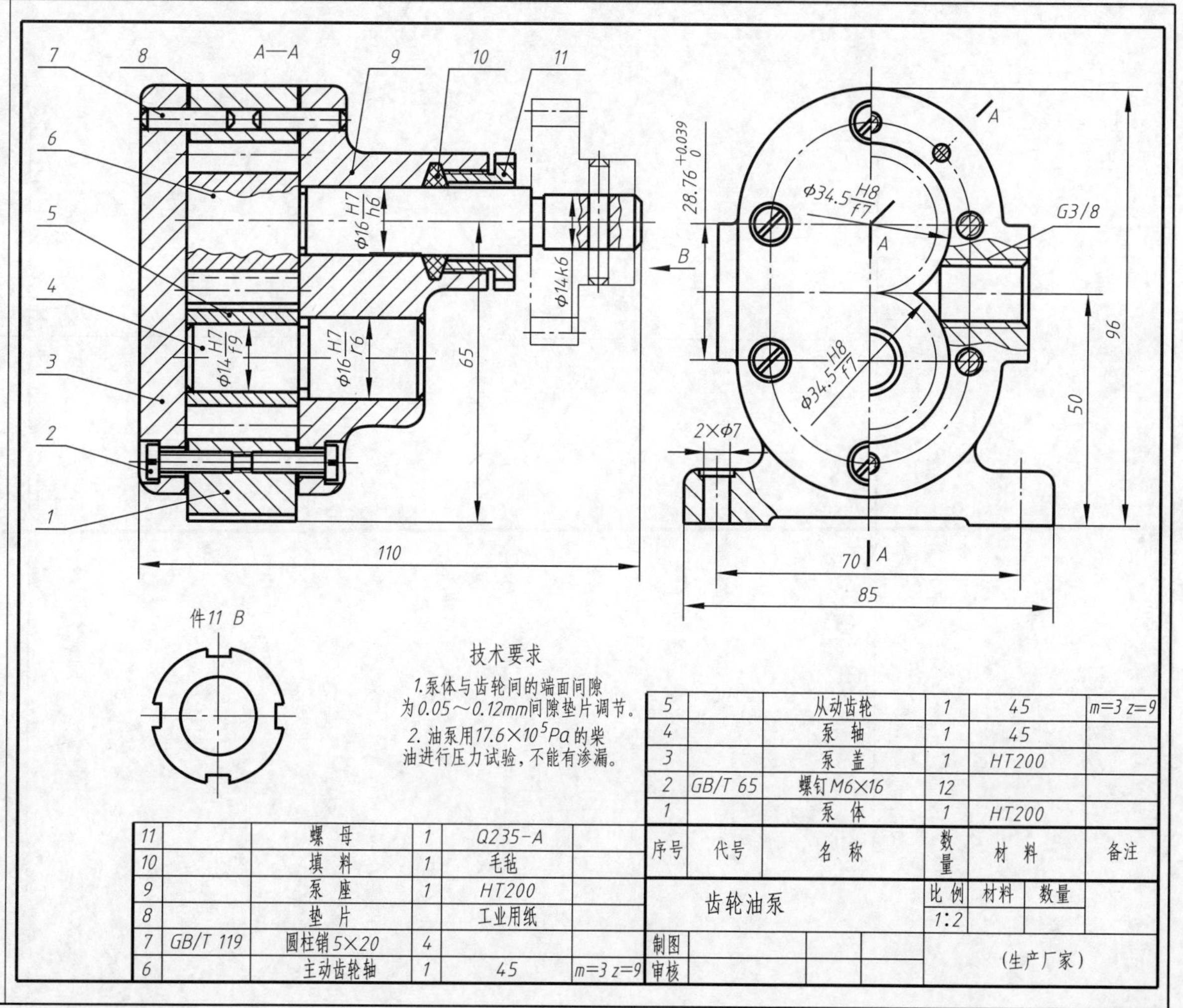

序号	代号	名称	数量	材料	备注
11		螺母	1	Q235-A	
10		填料	1	毛毡	
9		泵座	1	HT200	
8		垫片		工业用纸	
7	GB/T 119	圆柱销5×20	4		
6		主动齿轮轴	1	45	m=3 z=9
5		从动齿轮	1	45	m=3 z=9
4		泵轴	1	45	
3		泵盖	1	HT200	
2	GB/T 65	螺钉M6×16	12		
1		泵体	1	HT200	

齿轮油泵	比例	材料	数量
	1:2		
制图			
审核			(生产厂家)

班级　　　　姓名　　　　学号

9-5 读齿轮装配图，拆画泵体 1 零件图（比例自定）

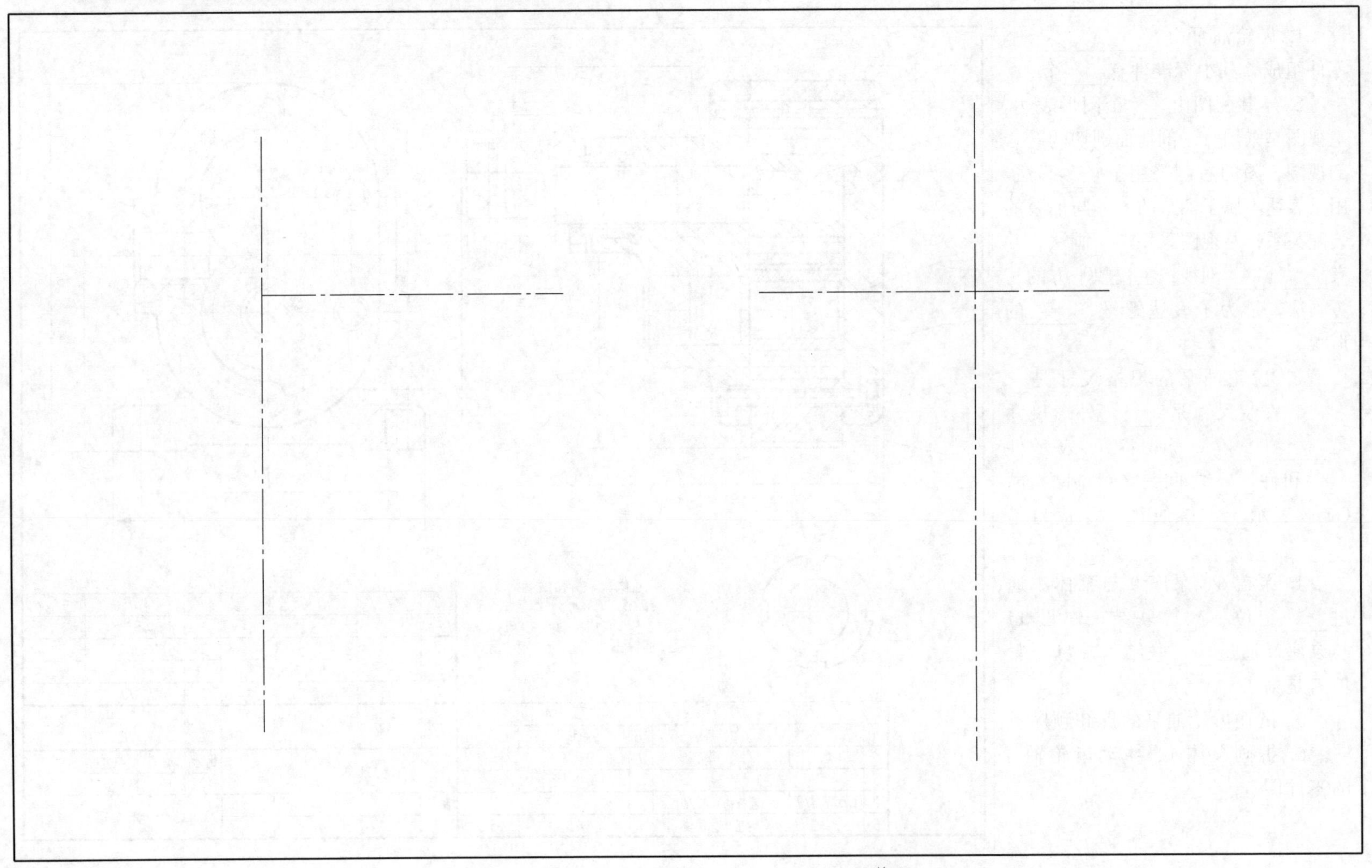

班级 姓名 学号

9-6　读齿轮装配图，拆画主动齿轮轴 6 的零件图（比例自定）

班级　　　　　　　姓名　　　　　　　学号

第十章　展开图与焊接图

10-1　求实长（形）直角三角法的应用

1. 已知 AB 的两面投影，用直角三角形法求 AB 的实长。

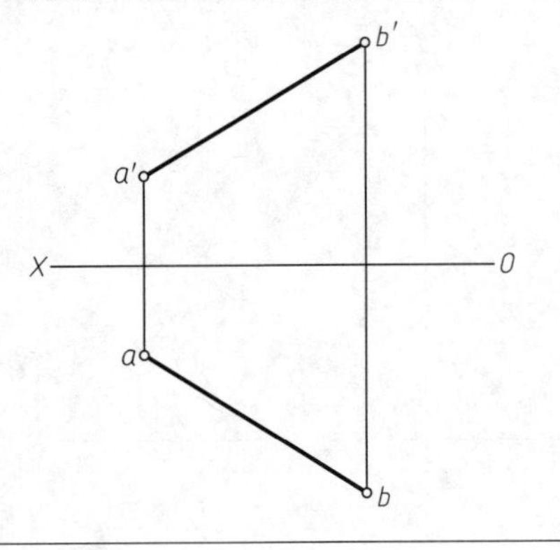

2. 已知 CD 的实长 40mm，求 CD 的水平投影 cd。

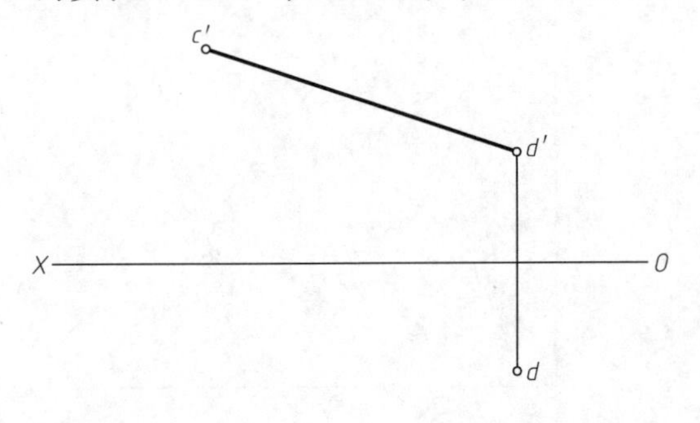

3. 已知直线 DE 的端点 E 比端点 D 高，且 $DE=50$，求 $d'e'$。

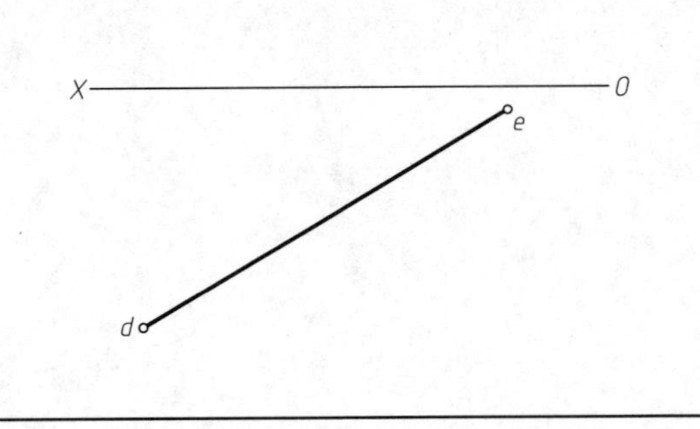

4. 在直线 AB 上取一点 C，使 A、C 两点的距离为 20mm。

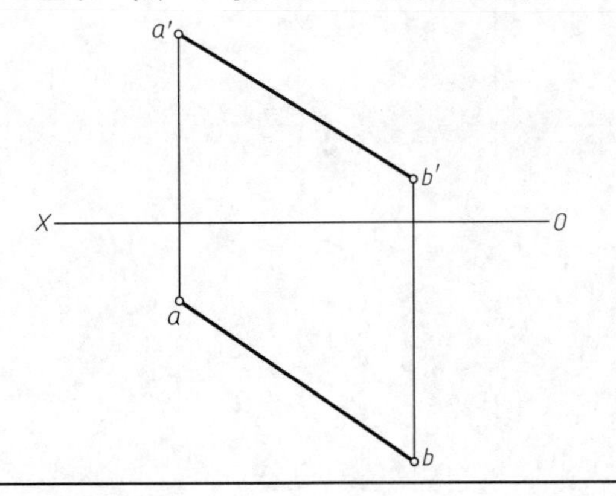

班级　　　　姓名　　　　学号

10-2 分别作出斜截四棱柱和斜截四棱柱的展开图

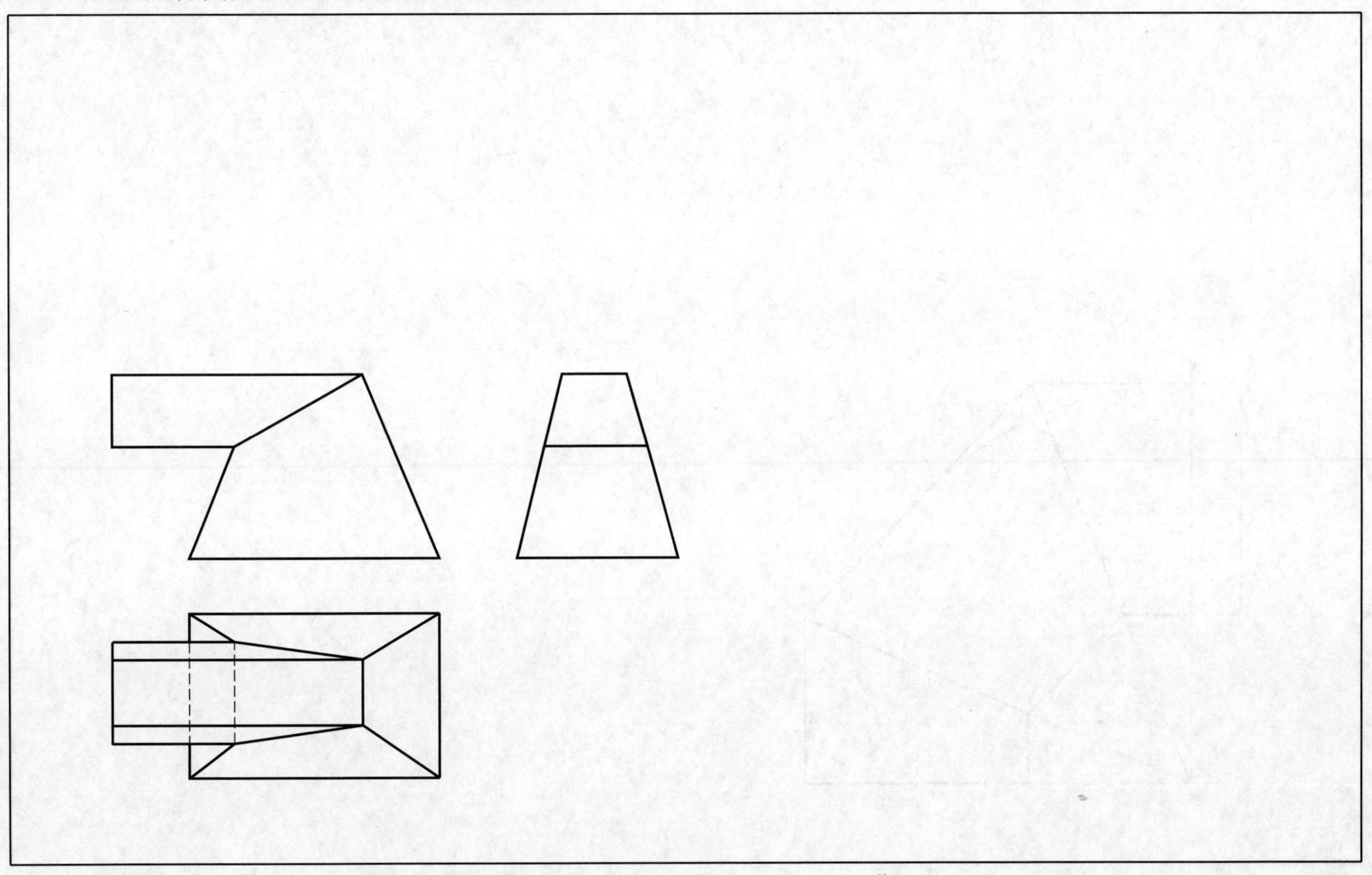

班级 姓名 学号

10-3 作三节弯管的展开图

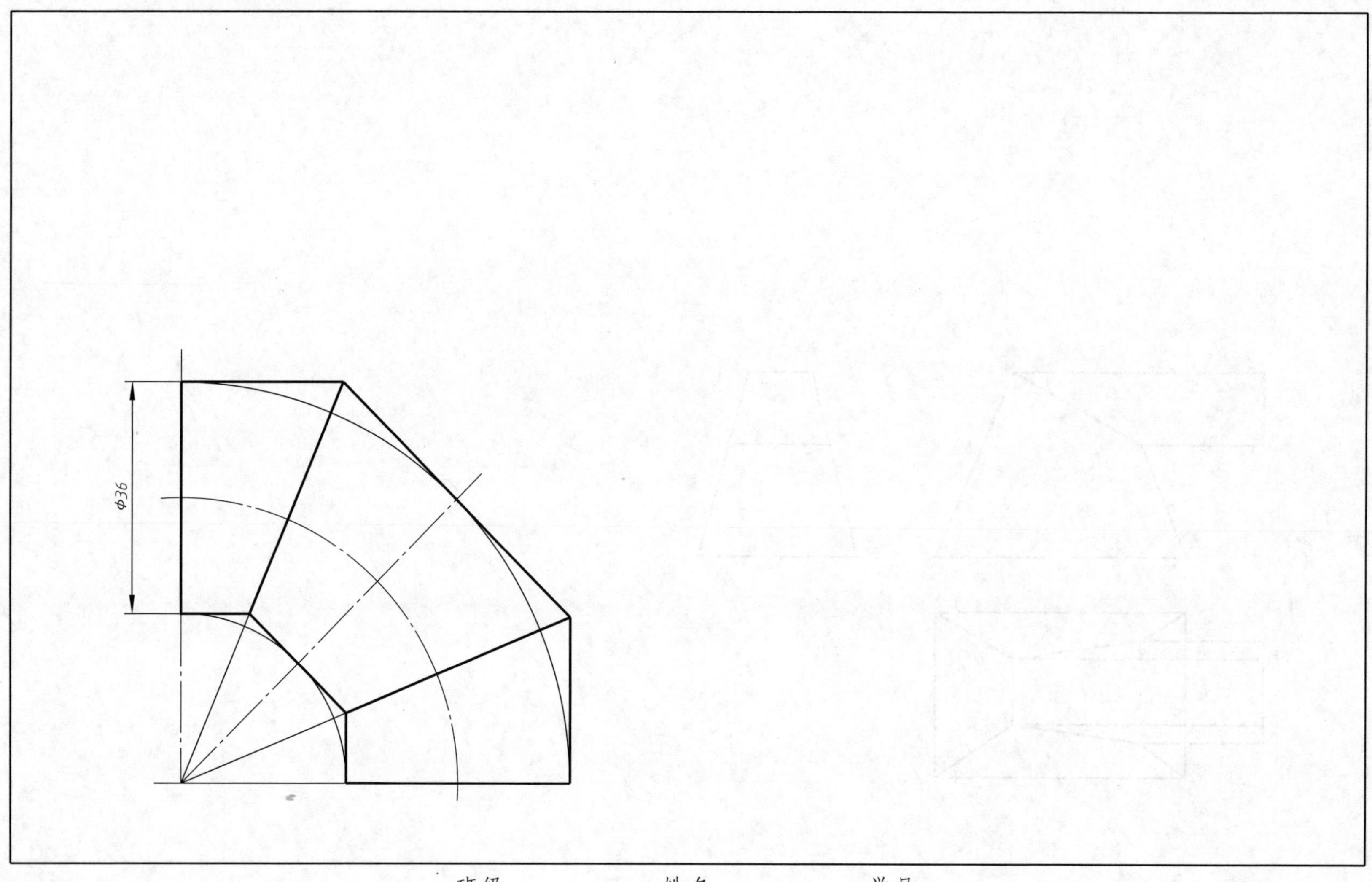

班级　　　　　　姓名　　　　　　学号

10-4 作斜截圆柱和斜截圆锥的展开图

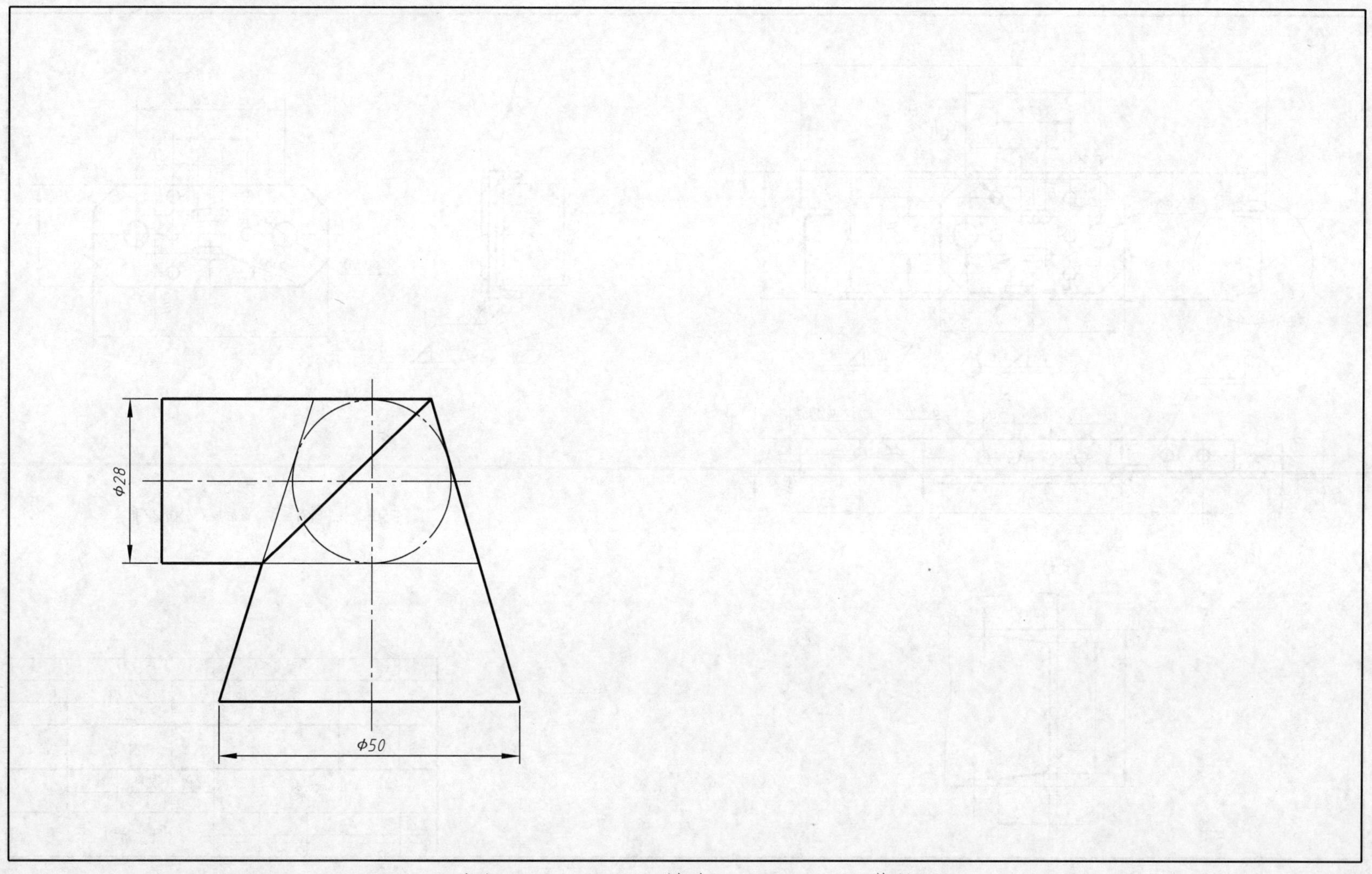

班级　　　　　　　姓名　　　　　　　学号

10-5 读上框架梁焊接图，说明图中 4 处焊缝标注的含义，并绘制 *A*—*A*，*B*—*B*，*C*—*C* 三个断面图

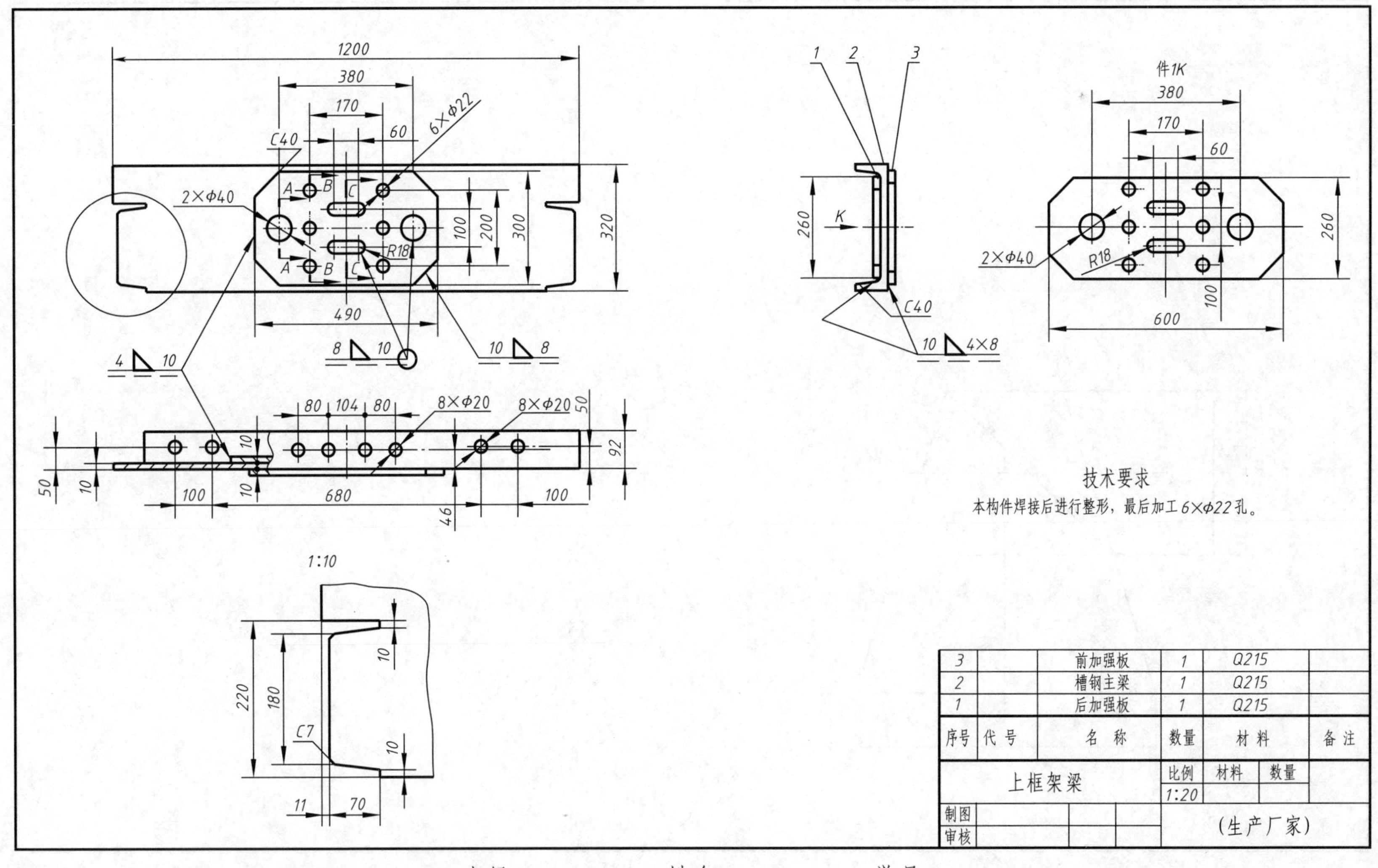

3		前加强板	1	Q215	
2		槽钢主梁	1	Q215	
1		后加强板	1	Q215	
序号	代 号	名 称	数量	材 料	备 注

上框架梁	比例	材料	数量
	1:20		
制图			
审核			(生产厂家)

班级　　　　姓名　　　　学号